效率人生

THE EFFICIENT LIFE

饭爷 著

北京联合出版公司

图书在版编目（CIP）数据

效率人生 / 饭爷著 . —北京：北京联合出版公司，2021.8
ISBN 978-7-5596-5373-4

Ⅰ.①效… Ⅱ.①饭… Ⅲ.①人生哲学—青年读物
Ⅳ.① B821-49

中国版本图书馆 CIP 数据核字（2021）第 116573 号

效率人生

作　　者：饭　爷　　　　　　　　产品经理：李清宇
出 品 人：赵红仕　　　　　　　　责任编辑：徐　樟

北京联合出版公司出版
（北京市西城区德外大街83号楼9层　100088）
北京联合天畅文化传播公司发行
天津旭非印刷有限公司印刷　新华书店经销
字数168千字　880 mm × 1230 mm　1/32　印张 8.25
2021 年 8 月第 1 版　2021 年 8 月第 1 次印刷
ISBN 978-7-5596-5373-4
定价：48.00 元

版权所有，侵权必究
未经许可，不得以任何方式复制或抄袭本书部分或全部内容
如发现图书质量问题，可联系调换。
质量投诉电话：010-88843286/64258472-800

目 录

第一章 人生的效率是选择出来的

你能改变的只有自己　002

坚持一件事有多难　006

选择和努力到底哪个重要　009

技术和口碑才是最大的个人品牌　014

不同的选择，不同的未来　017

到底是选择大城市还是小城市　021

第二章 学习是你最好的加速器

一生最正确的选择，是对自己的再教育　028

把知识转化成生产力，才是硬道理　038

中等收入家庭的父母和孩子最该学什么　041

学知识的正确方法　045

做好这道人生的选择题　050

继续读书还是马上工作　062

到底要不要学金融　065

第三章 抓住趋势的风口

看懂趋势,把握未来 070

获得元能力和把握趋势的人到底有多厉害 078

从来没有一成不变的好工作 089

洞悉时代,掌握主动的人生 092

跟随趋势,才能让自己更优秀 096

第四章 赢在人生的起跑线

未来传承会变得越来越重要 110

潜移默化的力量 113

你为什么需要更努力 116

做一个温暖的后盾 125

第五章 财富的深层逻辑

哪些钱才值得你去赚 132

人生每个阶段该赚什么钱 135

致富,除了勤奋,究竟还需要什么 141

拥有理想的财富,是需要学习的 159

为什么买单的总是你　162

分清资产和负债的区别是进阶的第一步　165

副业创收的误区　175

第六章　开启你的硬核人生

如何守住你的钱　188

经济周期的本质就是债务周期　191

为什么现在全世界都在陷入内卷化　195

历史上每次泡沫都差不多　216

第七章　不走弯路，让人生又快又稳

实力比虚荣心更重要　222

不要成为他人的工具　232

人生更重要的是避坑　235

不熟悉的领域，往往到处都是陷阱　238

看似没有门槛的事，往往门槛最高　245

年龄的坎，如何迈过去　249

效率人生

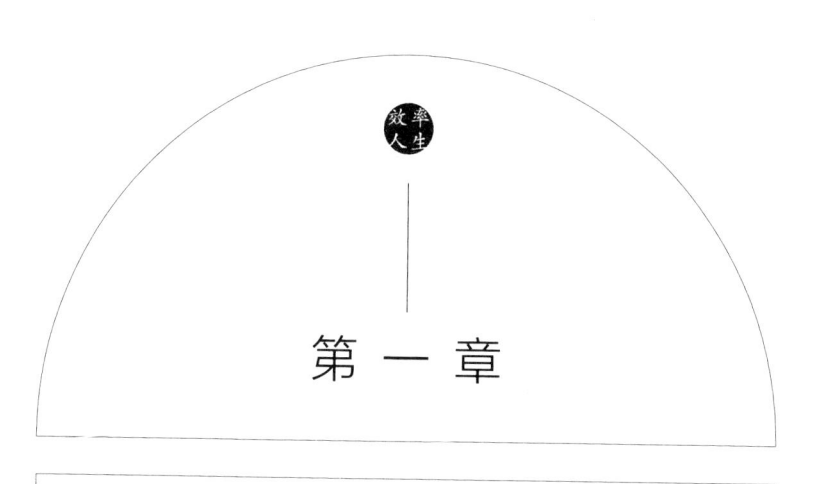

第 一 章

人生的效率是选择出来的

你能改变的只有自己
坚持一件事有多难
选择和努力到底哪个重要
技术和口碑才是最大的个人品牌
不同的选择,不同的未来
到底是选择大城市还是小城市

你能改变的只有自己

有很多读者看了我写的文章以后觉得收获很大。他们对很多事物和问题有了深刻的认知，行为上也在逐渐地改变，能够避免人生的一些陷阱。他们特别想把一些有价值的文章分享给自己的家人，让家人也了解一下这种思考问题的方式，免得以后遇到类似的问题掉到陷阱里。让他们特别苦恼的是，他们自己常常着急得要命，可家人往往对他们分享的文章无动于衷。

其实这非常正常，即使你们血缘上是一家人，彼此不能理解的可能性依然非常大。因为每个人的世界并不相通，即使有着深厚的血缘关系，也不能改变这一点，不然家庭矛盾都是怎么来的呢？

家人是这样，外面遇到的人更是这样。

很多人做了很多努力，想改变身边的人，在我看来，其实根本没必要。

因为这个改变的过程，不只是你自己不舒服，你想改变的那个人也不会舒服。

在认知水平有差异的情况下，他并不能体会到你的好意，反而会心怀不满。要知道每个成年人都是非常固执，也非常难改变的，你能改变的只有你自己，还有不断更新自己的社交圈。要使房子保持价值，都要不断置换更新，何况人呢？

观察一下过往就能明白，除了血缘关系无法改变，其实不同阶段的社交圈是在不断更新的。一个聪明人要做的是，在人生每个阶段，去找那些和自己频率相近、能携手前行的人，而不是试图改变那些不同频的人。因为多数人不管从认知水平还是社会圈层，都很难突破固有思维和牵绊。你尝试改变成年以后的他，往往是一件事倍功半、吃力不讨好的事情。

一个人的思维方式，往往是传承了父母的，一旦形成很难改变。多数家庭，往往父母是什么样子，孩子长大成年以后，大概率就是什么样，基本上孩子就是复刻和加强版的父母。一个人成年后形成固定的思维模式和行为习惯以后，你再去改变他，基本是不可能的。

多数人是无法成为100%合格的爹妈的。孩子小的时候，大多不愿意听家长的意见，心里也不服气。因为多数家长从二十多岁毕业开始，就不学习不读书了，知识结构、审美水平都和新一代孩子有差别。多数家长不能靠知识和威严管束孩子，只能完全依靠武力，这时候孩子不服气，家长只能生气。等成年了，尤其中年阶段以后，孩子可能反而觉得你的话有道理了，因为多数孩子根本没办法突破原生家庭固有的阶层，父母中年以后的那些人生体会，他们正好用上了，然后一代代循环。

为什么多数人很难跳出固有的阶层呢？因为最终你和什么样的人走到一起，本质上是双向选择造成的。成年以后人们选择朋友的时候，会选择价值观、审美、能力等方面相近的。人们能够成为朋友，本质上是彼此对价值观、审美、能力等方面双向选择之后的结果。

即使是原来关系不错的同学、朋友，在工作多年以后，多数人的交集也会越来越少。原因是大家认识问题的层面和知识水平的差异越来越大，收入水平的差距也越来越大，不在同一水平线上消费后，对世界的认知差距也越来越大。这种差距让彼此难以相处下去，自然而然就慢慢从彼此的世界里淡出了。所以多数人成年后的社交圈，都是不断地瓦解，又不断地形成，以动态的形式改变着。你身边会逐渐聚集和你水平差不多的人群，然后大家在一起抱团。不管在网上还是现实中，都一样。

过去很长一段时间，我一度以为互联网拉近了所有人的距离，让大家的认知水平变得接近了。我在社交媒体上写了一年多的文章，接触了很多人以后，发现大家的距离其实不是越来越近，而是越来越远了。很多人之间如果不是社交媒体，这辈子都不会有交集，大家彼此也完全不能理解对方。社交媒体表面上让大家看起来更近了，能在一起交流了，实际情况并没有。大家还是各玩各的，最终能和你交流的，还是现实生活中和你差不多的人。所以网络和现实生活很类似：因为对世界认知和理解的差异，大家都被固定在自己既有的圈子里面，很难突破进入其他的圈层。多数人到了网络世界，不过就是找到了和之前生活里圈层类似的人，很少有人能够突破。

要知道这个世界无论是在哪里，能让人持续交往的，一定是价值观、审美、能力等相近的特性。如果你追求的是不断学习和成长，慢慢就会把身边和自己步调不太一致的人群替换掉。朋友两个字，其实从来都是分开说的。朋是经常接触的，友是志同道合的。你身边什么样类型的人占了大多数，那么这些人的平均状况和水平，也就很大程度上代表了你自己本身在这个社会所处的位置和平均水平。

坚持一件事有多难

我曾讲过一个简单的道理，有一门技术，加上良好的口碑，一辈子都不愁没饭吃。有的人认为这是一件简单的事，其实越是简单的事越难做到。

比如坚持做某件事。坚持听起来很容易，做起来却让人痛苦。如果没有兴趣又不得不逼着自己坚持，多数人到最后都坚持不下去。你身边应该有无数说要自己坚持做这个那个的人，到最后都放弃了，比如坚持锻炼、坚持写作、坚持练字、坚持减肥。

我几年前开始健身，是一个小伙伴带我去的。他自从办了卡就锻炼了两次，到现在我却坚持了四年。他虽然几乎没有锻炼，不过健身卡也续费四年了，基本是我去哪儿他就到哪儿续费，美其名曰——希望能一起练。后面他基本上没和我一起锻炼过——按照我现在的强度，他跟下来肯定每次都会全身难受。最终这个小伙伴健身没坚持下来，续卡倒是坚持下来了，毕竟花钱买个安慰比锻炼容易多了。

很多人更是嚷嚷着减肥，什么节食减肥、跑步减肥，然而多数人都难以实现减肥的目标。一个好朋友说过一句话非常对，减肥是在和你的人性做斗争。看似容易的"坚持"两个字，为什么少有人能做下来？因为它逆人性！为什么没人说，我要坚持抽烟、坚持喝酒、坚持睡懒觉？因为吃喝和懒惰是人的自然属性。

我曾经讲过一个熵增的概念，对抗熵增从某种意义上说就是对抗人性，对抗人性本身就是一件很痛苦的事。

能坚持写社交媒体，又能坚持分享的，很多仅仅是分享欲旺盛或者表面平静但内心有强烈表达欲的人。不分享就不开心，把心里的话通过文字的形式讲出来已经成了他的乐趣所在，并不是靠什么坚持，因为坚持必然让你感到痛苦。

能带来乐趣是因为真正喜欢。而不是你对人说自己喜欢旅游，却是上车唠嗑睡觉，下车就会拍照；说喜欢美食，除了单纯的吃和拍照发朋友圈，其他什么也不会。就像很多人觉得做金融交易这个工作很爽，时间自由，工作时间短，节假日都休息。那是因为他单纯看到这行中自己想拥有的优势，事实上有这种好事吗？其实金融交易要分析资金，分析政策，分析各种因素，看各种报告，找到合适的人交流，不断突破天花板，恰恰是种需要不断学习的职业。

能舒舒服服天上掉钱的工作，也许只有许愿池里的王八，趴着不动还能天天有人丢钱下来。真正做金融交易这种工作，是非常痛苦的事。能坚持下来的基本是因为打内心热爱这件事。在这个过程中你需要对抗人性，需要耐得住寂寞，还需要不断积累并更新知识，然后还不一定会有确定性的收益。这种心路历程只有经历过的人才能懂得，没有经历的人，你说再多他们也理解不了。

越是门槛看起来低的东西，意味着竞争越激烈，想要跨越的门槛就越高，这么简单的道理，很多人就是不明白。比如开个户买股票很容易，结果赚钱很难；去健身房办卡很容易，能坚持下来并锻炼出效果很难；看别人炒房很容易，自己不会择时，总是高杠杆进去，结果赚钱很难。

找到自己的特长兴趣，简单的事重复做，坚持下来，做出效果，踏踏实实做出口碑并没你想的那么容易。然而，正因为不容易，你能够坚持，就能够淘汰大多数人，因为大多数人都难以坚持。

选择和努力到底哪个重要

个人的选择和努力哪个更重要已经是老生常谈的话题。

以前流行一种说法，说努力更重要。有句话叫世上无难事，只要肯登攀。那时候经常有人说，只要你努力就没什么做不成的。后面一段时间，不知道为什么风向突然转了，前面那句话变成了：只要你努力就没啥搞不砸的——所有人都告诉你选择更重要，只要选择对了，就能毫不费力地走向人生巅峰。

可是，一个人获得工作的成就和事业的成功，并不是一件容易的事情——创业难，守业更难！这几年，不少家庭条件优越的年轻人拿了父辈赚的钱乱投资，硬生生把家业败了。

以前有人讲过一个段子，说富一代辛苦奋斗，挣下偌大家业。家里俩孩子，老大吃喝玩乐，老二刻苦钻研各种风口投资，今天搞互联网金融，明天搞长租公寓。几年下来一算账，老大是个纨绔子弟，仅仅花了几千万。老二确实很努力很上进，但是亏了几个亿。作为富一代的父亲哭笑不得，也不知道该高兴还是该难过。

想想就知道，那些突然中彩票、拆迁的暴发户，很多人拿到钱没两年就败光了。这也是为什么我们一直说财富从来都是洪水猛兽，只听命于能驯服它的人。要是真的这么容易一次选择正确就能从此走向人生巅峰，这两年就不会流行这句话了：凭运气赚来的钱，凭本事亏光了。

选择和努力从来没有哪个更重要，两者都重要。努力决定的是你的下限，选择决定的是你的上限。即使你选择成功而获得了大量财富，也需要持续努力才能保住财富。凭运气瞎猫碰到死耗子选对了获得财富，如果之后不努力，终究会丢得干干净净。

大多数人这两年觉得选择更重要，无非是觉得别人选对了风口，突然就起飞了；自己选错了方向，努力半天，什么成效都没见。大家也许从来没想过，为什么多数人选择都会出错。这是因为选择这件事其实是个系统工程。多数当事人面临的难题，不仅是所处节点出了问题，可能是当时的认知和客观环境就决定了只有当时的选择——出生的家庭背景、教育方式、父母的见解和水平，已经早早为一个人的选择埋下伏笔。

也就是说，你现在的错误选择只是过去各种外界因素和自身认知堆积的结果。很多人连高考选专业这么简单的事都没法根据自己的实际情况做出正确的选择。做父母的多数也没法提出有用的指导意见，因为他们当初做选择的时候也是懵懵懂懂。这点小事尚且如此，更别说其他人生大事了。而且选择学校和专业不过是人生选择的开始，后面的挑战更多。

有句流行的话说得特别好，读书那张文凭只是父母给你交学费的收据，真正的知识是在为生活奋斗中得到的，离开学校才是真正学习的开始。学校的课堂教育可能更多教给大家的是怎么做好某个标准流水线上的人，出了学校才是一个人二次学习的开始。除了好好工作提升收入积攒本金用以购买资产，学习经济和历史、了解社会运行规律，学会经营人际关系就是二次学习阶段最该做的事。

世界在混沌和有序之间来回摆动，决定我们未来位置的，除了与生俱来父辈的积累，其他重要的因素大多不是学校里的教育，而是我们对社会运行规则的认知和对人际关系的经营。学习经营人际关系对很多人来说一直是个难题，绝大多数人不是觉察不到自己该做点什么，而是不知道该怎么做。从小人们就知道老师更喜欢嘴甜的同学，但自己就是甜不起来。长大以后明知道有些时候该表现自己，但是关键时刻屁股就是从凳子上抬不起来。因为不会表现自己，即使有实力也无法展现，导致机会总是一次次溜走。

人再天真，也能看懂社会规则。看懂就表示自己能适应社会规则吗？实践才是难题。人具备这种技能，多数都是从小受父母言传身教，是被带着去各种场合耳濡目染出来的。商人、书香世家等家庭的孩子搞起人际关系多数都更熟练，就是从小耳濡目染的结果。从小没学到这一套，得做很多心理建设和行为练习，进行人际交往时才能看起来不僵硬，勉强跟上脚步。多数人是毕业后走上工作岗位，才开始学习如何与人交往的，想应用得得心应手，自然没那么容易。

历史和经济更是很多人一生都需要学习的知识。虽然时代变了，但是人性不变，社会运行规律不变，所以历史才会以不同形式不断重演。明白这些历史和经济知识，能让你加深对社会真实运行规则的理解，明白很多政策的出发点，最终才能理解政策、跟上政策，以此来获得财富。比如通过对近代史的学习，我清楚了不管社会还是任何组织都有食物链。从整个社会来说，全世界几乎所有的社会体系承担社会运转成本的主要是中等收入阶层，因为底层需要安抚，富人被压榨太狠就会拿钱跑路，只有中等收入阶层别无选择。

关于这一现象，利伯曼通过研究英国光荣革命之后300年的社会各阶层变化之后发现：英国是通过将中等收入阶层的人不断赤贫化来提高国家整体素质和竞争力的。英国的底层通过不断的奋斗，成为中间的阶层，也就是所谓的中等收入阶层。他们一旦成为中等收入阶层，就会信心十足，对自己的能力无比自信，更对国家的未来信心十足。这种乐观的情绪会让他们积极奋斗，然而他们奋斗的时候，往往伴随着泡沫的产生，这种泡沫可以是某种新技术、新产业所带来的。但是这种泡沫会破灭，当泡沫破灭后，他们又会成为极其普通的人。当然，与之相伴的，是极其普通的民众普遍都受过扎实的教育，接受主流价值观和世界观，英国因此得以实现国家的整体进步。

国家之间也是有食物链的，整个地球至今依然是个修罗场。发展中国家在食物链的底层，给发达国家打工。以前发达国家的白人过得那么快乐，就是因为他们拥有舆论霸权、军事霸权和货币霸权。穷国被迫不停地输出劳动和生产来换发达国家印出来的钞票，才能维持温饱。

比如以前总有人告诉你要奋斗。人要奋斗当然没错，但你要知道自己在做什么，是为了什么。每个没什么背景的年轻人在职业生涯初期都会被迫过上拿命换钱的生活，这没什么错，因为你只有付出更多，才能赶上那些比你具备很多优势资源的人，这也是许多没背景的青年的最好选择。你心里要清楚，这是为了生活不得不做的妥协，别拿这个感动自己。年轻人在职场奋力做事，用尽了25到35岁的黄金十年青春，多数人过了35岁以后，往往很难成为职场上受欢迎的人。

你看看周围，99%的人都是这样走完一生的。其实大部分取得成绩的人，前10年到20年也是这么走过来的，只是他们比普通人在第一阶段积累了更多的资本、阅历，以及他们参透了其中的社会运行规则。

每个人在努力奋斗的同时，要不时看看脚下的路，找准自己的方向，不要到最后真的变成干电池[①]。

人的一生，最难的是在一次次岔路口做对选择。其次难的是，能在年轻的时候就认清社会运行规则和认清自己。

[①] 干电池：部分年轻职场人士的自嘲，形容自己像干电池一样，被放在"电池仓"里输出能量，等电量耗尽的时候就被辞退，再换一个新的"干电池"。

技术和口碑才是最大的个人品牌

我们要利用自己的资源、技能或者工作经验,做一些可积累的事,越早积累越好,越早积累越容易出效果。有人不明白什么叫可积累的事,其实说白了就是你的口碑。

天天在各种媒体上听人说什么IP①和流量,其实每个人都有自己的IP。你的IP怎么建立,信誉怎么积累呢?靠口碑!技能+靠谱=口碑。

精通一门技术,建立良好的口碑,你自己就是一个品牌。选对行业,学会一门技术,然后在积累沉淀中建立口碑。口碑是赚钱的敲门砖,尤其服务业,更是这样。

大家都知道装修有多麻烦,找到一个靠谱的装修工人是很不容易的事。最近朋友家装修,最大的发现就是每个靠谱的装修工队根本不缺活,都得提前预约,光老客户介绍就够他们忙的。

---

① IP:网络用语,指对某种成果的占有权。在互联网时代,它可以指一个符号、一种价值观、一个共同特征的群体、一部自带流量的成名文创作品等。

牙医也是这样。社区有个不错的牙科诊所，里面的医生非常认真负责，技术也很好。我家里长辈就在那儿做了三颗种植牙，还不包括平时的洗牙和一些检查。附近有熟人需要看牙，也会介绍他们到这边。

我熟悉的一位钢琴老师，四五个家长给他介绍了40多个学生，随着生源越来越多，从最早教几个人逐步做成了有一定规模的工作室。

其他的例子也很多，比如中医师、针灸师、按摩师、化妆师、摄影师、甜品工作室等，基本都是靠口碑传播。

大家可能没有注意到，大多数人从工作开始，接触的人群就变得有限。随着年纪增长、职业稳定，社交圈会逐步固定在老同学、老同事和老邻居上。能不断拓展圈子的人确实有，但这绝对是少数。正因为每个人刚开始接触的圈子是有限的，口碑就变得很重要，口碑好了，通过口口相传，圈子才会越来越大，信你的人才会越来越多，你自己也就成了一个品牌。口碑是最好的广告！这个道理在哪个领域都成立，不管是新兴行业还是传统行业，不管国家还是个人。

如果你在新兴行业，比如你从事的是咨询行业或者自媒体行业，那口碑本身就是钱。你要做的用四个字形容就是：直击人心！能打动人心又不坑人，就能逐步建立口碑和联结。联结本身就是财富，如果没有从联结中受益，只能说你的联结还不够多。

只要你的口碑好，产品有价值，不欺骗人，认可你的小伙伴自然就会把你推荐给需要的人。知道你的人越来越多，意味着你和人群建立的联结越来越多。你的个人IP就会逐步建立,IP的雪球也会越滚越大。

当然了,多数人从事的是传统行业。在传统行业的小圈子里,口碑是一件更加重要的事。以前信息不发达,你还能做一锤子买卖。现在是信息社会,你的口碑一砸,本来圈子就小,名声再坏了,更没办法做下去。踏实做事,诚恳待人,积累口碑赚细水长流的钱才是可取之道。

一个人有一门手艺,做事靠谱,就能靠积累逐步赢得口碑,有了口碑,收入就能超越身边的大多数人。等口碑变成个人IP,还有什么中年危机啊,仅仅用户介绍来的项目你都忙不完了。什么叫可积累的事,这就是可积累的事!这件事不管对国家还是个人,道理都是一样的。

不同的选择，不同的未来

最近看了两个娱乐明星——厉娜和唐笑的直播节目，这个直播的主题是两个选秀姐妹花的聊天，两个人都是《超级女声》的前十名。厉娜在当时的影响力非常大，唐笑的影响力则小一些。我感觉，通过她们聊天的内容，大家可以从中学习到一些理财的知识。

唐笑：当年我在超女比赛人气很低，名次也一般，所以比赛完就拼命开始接商演了。

厉娜：那时候的我傻傻的，总以为好运气会一直在，商演少于两万索性就不接了，反正觉得拒了还会有，没想到后面越来越少了。

唐笑：我们俩不一样，当年你是人气王。我人气低，名次也不好，所以你们不想要的商演我都接。当年我是性价比最高的……最多时一个月28天商演，整月睡在商务车里。

厉娜：那时候我有点傻，因为公司每个月都安排好下个月的商演计划，所以我会按计划预支下个月的商演费，去香港买衣服。那些衣服基本没穿两次就送人了，而且现在再看，当时的眼光真的是一言难尽。

唐笑：说到香港，你记得我们比赛后去香港巡演，那时候我有了人生中的第一个奢侈品包。

厉娜：当然记得，那时候我们人手一个，是古驰那个很大的包，很能装衣服和随身物品。

唐笑：那时候我20岁，第一次进奢侈品店。那种感觉特别梦幻，可后来我发觉背上名牌包也不会让别人高看你一眼。所以那次香港巡演之后，就开启了我的投资消费观。

厉娜：我也是从香港那次巡演开始了自己买买买的习惯。那几年我飞到香港无数次，都是为了买衣服，当时赚的钱都花衣服上了。

唐笑：你知道吗？我当时在北京很没有安全感，公司也不给付房租，都是自己出钱。我躺在北京租来的公寓床上就给自己定目标，想着我一定要拥有一套自己的房子。所以我拼命接商演，睡在商务车里的时候，就把那个古驰包当枕头。

厉娜：我当时在准备出专辑，很在意打榜成绩，到处做宣传，也存不下钱。经纪人都看不下去了，拉着我在北京看房。你猜怎么着？我看完楼盘转身就买了辆车，又贬值了。

唐笑：我和你想法不一样，我希望经济独立以后再谈理想，你是专注于艺术追求。所以你看，我是那年超女第一个买房的，当时我全款90万买的小公寓，现在翻几倍了。

厉娜：我是一直在买衣服，直到现在也很喜欢买衣服，这个习惯一直改不了。

唐笑：我是北京买完房子又去长沙买，长沙买完再去北京买。你因为衣服买得多，所以穿衣品位是我们里面最好的。哪里付出，哪里就有收获嘛。但你知道吗？衣服永远不要买多。这是我去韩国时看到那些漂亮的小女孩儿悟出的道理。衣服越新越好看，就算是大牌穿多了洗几次也就没形了。我现在经常穿淘宝货，出门时候带块好表背个好包觉得就足够了。

厉娜：听完你说的我估计要睡不着了，以后要跟你学学，把钱花在刀刃上。

这是两个超女过去十多年的故事。唐飞没有厉娜红，现在生活却更富裕，无非就是因为选了不同的路。

2011年《快乐女声》的冠军段林希很感慨地说，师姐黄英在比赛帮唱时候曾经告诉我攒钱。只是自己当时没听明白，现在听明白了，可惜钱也花光了，也没法回头了。不管是"超级女声"的故事，还是后面"快乐女生"的故事，都告诉我们一个人生道理：有赚钱能力的时候要学会节制消费，想办法购买资产，熬过去开始的苦日子，后面自然豁然开朗。现在很多人觉得人生苦短，对自己好点没啥错，买东西才是最让自己开心的事。

确实，女孩子有很多漂亮衣服和包是一件开心的事，但是这种东西绝对不该占据你太多的人生。

现在很多年轻人喜欢超前消费，觉得人生苦短还是及时行乐最重要。行乐我并不反对，但是要根据自己的条件，否则盲目跟风消费，甚至借债消费，未来日子注定会苦。少花钱买不能增值的东西，更不要借钱去买不必要的东西，不应该让欲望成为压垮生活的大山。这不是精致生活，而是伪精致。

把时间花在什么地方、什么人和什么事物上，人与人之间真的差距很大。这种差距，将会导致人和人之间未来的巨大差距。

到底是选择大城市还是小城市

一、现在，要不要去大城市

看到某个企业家说，年轻人应该首选北上广，哪里竞争激烈就去哪里。其实这是有很大误导作用的，也有点"何不食肉糜"的味道。

我们认为如何选择城市，很大程度上需要根据自己的收入和家庭条件来决定。这里大家可以记住一个结论：如果你不能靠资产和一座城市捆绑，那本质上这个城市和你无关。你仅仅是在这座城市发光发热，耗尽生命建设城市的干电池而已。所谓的资产，对多数普通人来说也很简单，就是所在城市的房产。如果在这个城市，你没办法买得起房产，那这个城市仅仅是你工作、生活的地方。城市本身的发展和经济水平的提升，和你没有太大关系。

城市和生命体一样，需要不断吸收和消耗别的东西，才能不断获得生命和活力。人要通过吃饭不断吸收食物中的能量，才能维持自己的生命和肌体的活力。住在房子里的人需要不断修缮和维护，房子才能熠熠生辉，不会变得破败。城市其实也一样，需要大量的人力和青春挥洒在这里，城市才会有生命和活力。每个人本质上都是城市的消耗品，但一部分人也是城市的受益者。你是消耗品还是受益者，本质上决定于你在这个城市有没有资产。

如果你在这个城市有房有地有资产，那么这个城市发展好了，和你关系很大。因为政府用从你这里收的税，修地铁修公路修学校到你家楼下，你家周围的基础设施水平就提升了。

这一系列城市建设带来的基础设施水平提升，导致你手里的资产涨价了。你在城市的付出，自然而然地就有了回报。

如果你在奋斗的城市没房没地没资产，那你在这个城市的付出和缴纳的税收，就变成了别人的资产增值。

很多年轻人在大城市买不起资产，把在这个城市赚来的所有的钱都在这个城市消费掉了。要是家里条件一般，不能给你任何支持，最后到年纪基本都会光着屁股离开。这种情况下，这个年轻人就是大城市的消耗品。除了在大城市留下了青春和人力，最后什么也没得到。

大城市可以用梦想来不断吸引一批批优秀人才。这些年轻人不断涌入大城市，用自己的青春和汗水建设城市，最终把他们拦在门外的是房价。因为大城市需要年轻人，也需要买得起资产的有钱人，但不需要买不起资产又不年轻的人。

房价本质上是买得起的人决定的，和买不起的人无关，买不起的自然就被拦在门外。常见的一个现象就是在房价高的大城市，30岁前的年轻人租房子，30岁以后，要考虑结婚生子、安家落户的问题了，房价便宜的一平方米五万，贵的一平方米十万。多数人家里连首付凑出来都比较吃力，更不用说压在身上几十年的月供了。最终想想还是回老家舒服，养孩子、买房各方面都便宜，爸爸妈妈还能帮忙带小孩。

这基本是大部分在大城市打拼的年轻人的现状。所以年轻人是不是首选北上广这种一线城市稳定安家，完全取决于你的家境和收入水平。如果说在一线城市现在的房价下，家里给点补贴和首付就能上车，意味着你有能力在一线城市形成资产，那么选择一线城市还是可以的。如果考虑自己的家境和收入水平，这个概率比较小，那么你选择一线城市的性价比就很低。大概率你来了一线城市的最终结果是，在大企业工作几年积累经验，形成很好的人力资产，然后到年纪被淘汰了。

对个人来说，可能更好的选择是去很多抢人抢产业的强二线城市。这些城市从政策看，远比现在不断控制人口和产业的一线城市对年轻人友好得多。非要去一线城市，再不济还可以做的选择是在一线城市工作，在强二线城市购买房产保值。这种情况下，你可以拿到一线城市相对高的工资。如果最后实在不行，你还有到二线城市的退路，也能享受二线城市发展带来的资产增值。

不看实际情况，让所有年轻人不顾家庭条件和自身收入水平，首选一线城市打拼，怕是年轻人只能当干电池和燃料了。

二、从趋势上看,去不去大城市

过去几年有句话在网上喊得火热,你不来一线城市,你的孩子也要来一线城市。说这句话的是一帮搞自媒体的人,他们根据日韩首都圈的人口占全国总人口的40%,推断北上广深区域未来要住五六亿中国人。所以自媒体人告诉大家,即使现在你不咬牙来一线城市,未来你的孩子也会被迫来到这几个大城市。

可是,他们没有想过,中国不是日韩这种小国家,注定不会走这种发展道路。我们发展的是中心城市群模式,下面八个中心城市群是未来的发展重点:长三角、珠三角、京津冀、成渝、长江经济带、中原经济带、关中经济带、哈长经济带。未来有发展的地区基本都在这几个城市群里面了。

以前总听人说大城市收入会高很多,可是从统计上看并不是这样。除去一线城市的企业总部、互联网公司和大金融企业,其他行业的一、二线城市收入差距并不太大。制造业更是如此,同类制造业工厂杭州工资3000,上海能达到5000就不错了。

从趋势上看,如果企业的工资不断增加,就会导致企业的成本持续增加,这会导致企业迁移,资本的逐利性会让企业对区位和成本做综合考虑。年轻人选择城市也是同样的道理,要像企业一样综合考虑自己的专业、薪水还有家庭条件之后再做选择。没能力找到高薪岗位,家庭条件又一般,跑到一线城市来干吗呢?不过就是工作几年然后又卷铺盖回去,自己收入一般,家庭条件一般,年纪大了在一线也难以生活下去。

现在这个阶段,年轻人要想在一线城市安家,努力固然重要，运气和家庭支持也变得不可或缺。有人拿在一线城市可以享受好的教育资源是为孩子负责说事，更是无稽之谈。要知道，现在一线城市因为人口上限不断收紧户籍政策，拿不到户籍，孩子就得回原籍上学参加高考。在一线挤老破小，抢学区，拿不到户籍上了中学还得回家，这哪里负责了？现在能在一线城市立足的都是家庭有积累的人，千万别做什么吃苦就有回报的幻想。早点根据自身情况做好打算才是王道，千万别把自己的思维禁锢在一个死胡同里。

如果你本来就在二线省会，家境一般，其实现在这个阶段去一线城市意义不大。当然，如果你从事的高薪工作只有那几个一线城市才有，那该去也得去。现在这个年代，一线城市所谓的光鲜生活，哪个二线城市没有？长沙、成都、南京、杭州的教育和医疗也没比北京、上海、广州、深圳差多少。吃喝玩乐的各种购物中心，全国遍地都是。

有些人硬要为北上广深那些所谓你摸不着的各种资源来一线城市拼搏，可这资源是家境普通的人所能拥有的吗？最后多数人是996[①]，拼到35岁又不得不考虑回家的事，觉得北上广深这种大城市容不下你。如果你真的是出生在十八线小县城的年轻人，来北京、上海、广州拼一下倒是可以理解，毕竟自己在哪儿都是"赤脚"，不如到大城市挣点钱，看看有没有机会翻身。越是非一线普通家庭的孩子，越应该早点去二线城市占个好位置。如果

[①] 996：指的是早上9点上班，晚上9点下班，并且一周工作6天的工作情形。

自己的家乡是经济发达省份的省会,那更是再好不过了。

我们国家这么大,现在搞了这么多城市群,能选择的地方还是很多的。再过十年,长沙、成都、武汉、合肥这些城市发展起来,它们就是区域的王者,未来都会变成人口聚集的超大型城市。

效率人生

第二章

学习是你最好的加速器

一生最正确的选择,是对自己的再教育
把知识转化成生产力,才是硬道理
中等收入家庭的父母和孩子最该学什么
学知识的正确方法
做好这道人生的选择题
继续读书还是马上工作
到底要不要学金融

一生最正确的选择,是对自己的再教育

每个人一生走过的路其实和大富翁游戏是一样的。游戏开始的时候每走一圈都会发200元,就像上班领工资。这个钱初始并不少,攒下来可以买房、买地、买股票。

随着时间流逝,买房买地会变得越来越贵,过路的费用也越来越贵,股票会逐渐升值,只拿每圈工资玩下去的人会越来越穷。

如果想赢,你就要在资产价格低位的时候开始买房、买股票,才能保持优势。不然很快就会在某一次停留中被对手的高额过路费榨得干干净净——大富翁游戏是掷骰子,然后决定你走几步,之后走到停留的位置,如果对手在途中拦住了你,那就要交过路费。

在游戏中,你可以用红卡和黑卡操纵股市,想办法把别人的变成自己的,以便赚取更多的钱。但是你赚钱越多,就越会遭到别人嫉妒。然后你会三番五次被送进监狱,被人用均(富)贫卡拿去你的积蓄,被狗追着咬掉进阴沟里。

随着后面杠杆越高,人就越危险——大富翁需要你花钱买房

第二章 学习是你最好的加速器

买地,你手里的杠杆是手里的现金决定的,因为停留的时候,缴纳过路费需要的是现金。即使有房子这些资产,如果没有现金,交不起过路费,一样会破产。随着玩家的存款增多,物价指数也会成倍通胀,多数电脑玩家都是被高涨的租金和过路费搞破产的。

生活的真相,游戏早就告诉你了,只是你没在意——人生其实就是一场"大富翁"游戏。我们不断学习和提高自己的目的,是想在这场游戏里做一个赢家。

一

我曾收到过一条留言:别把自己当大富翁玩家,你我顶多是背景板,给别人陪衬的,努力也没用,所以别假模假样做那些无谓的努力和挣扎了,混混日子就得了。这种想法是生活里典型的"恶取空"[①],持这种观点的人,觉得除了家庭背景和个人天赋异禀,其他对于人生来说什么用都没有。

普通人认清自己的局限性和问题,学习并掌握赚钱技能,过能力范围内的好日子有问题吗?并没有!人的一生就是个不断学习和踩坑[②]的过程。在这个过程中,你会根据自己的知识和能力做出选择。决定你未来生活质量高低的,很大程度上是在关键节点上决策的正确与否。遗憾的是,大多数人在关键节点的时候往往是稀里糊涂的——读书时稀里糊涂随大流,选专业时稀里糊涂

---

① 恶取空:佛教用语,执着于某些点。
② 踩坑:网络用语,犯错。

随大流,就业时稀里糊涂随大流,找工作时稀里糊涂随大流,在教育孩子上稀里糊涂随大流。等孩子长大了,再继续上面的循环。这像极了以前那个放羊娃的故事。

某记者来到陕北一农村,看到一个放羊娃。

记者问:"为什么放羊?"

放羊娃答:"攒钱,将来娶媳妇。"

记者问:"娶了媳妇干啥?"

放羊娃答:"生娃。"

记者问:"那打算让娃将来干啥?"

放羊娃答:"放羊。"

放羊娃并不觉得自己的回答有什么不妥,他不过是稀里糊涂随大流,因为在他的认知里,村里的人一辈子又一辈子都是这么过的。放羊娃有错吗?并没有,他的认知边界已经限制了他的选择。

一个人选择怎样发展以及如何选择是个系统工程。有些人面临一个选择难题的时候,为什么总会选错呢?因为他当时的认知水平和手里的资源,决定了他当时可能只有这个选择。

一个人自身的天赋、接受过的教育、家庭背景,都早已为他的选择埋下了伏笔。天赋和原生家庭这种硬件对多数人来说就是卵巢彩票[1],基本无法改变,但可以通过不断学习改造自己的软

---

[1] 卵巢彩票:网络流行语,意思为还在卵巢里就中了彩票,用中国古话来说叫作含着金汤匙出生的孩子,指有的人一出生就有好的父母和好的家庭环境。

件，逐步提升自己的认知水平，改造自己的世界观、思维方式。虽然见效慢，但如果成功，就会是脱胎换骨的效果。

如果问人一生中最好的投资是什么，那我要说是对自己的再教育，离开学校才是自我学习和再教育的开始。自我学习和再教育里最值得花时间、精力的是读书、写作、演讲和提升财商——当你会读书、会写作、会沟通、会赚钱，基本就能解决人生中的大部分问题。如果你能做到通过读书学习提升自己，通过写作总结自己学习、工作和生活的心得来教育自己，并传播自己的思想，再通过工作积累和投资财务获得不为钱担心的财富自由，人生中的大多数问题就迎刃而解了。

很多人一说到一个人的素质，就会提到要学琴棋书画，其实这些东西大可不必花太多精力。你非说能陶冶情操也没错，但终究离多数人柴米油盐的生活很远。你更需要让孩子学一些长大后实用的知识——与其让孩子把时间和精力用在考钢琴9级上，不如用在培养财商上，孩子长大就不会那么窘迫，家长也不用天天陪着孩子练琴那么累了。

二

认清生活的真相，依然热爱生活，这应该成为我们生活的准则。无法认清生活的真相，天天盲目乐观那是愚蠢，认清生活的真相后垂头丧气、不思进取那是无能。

我们认清生活的真相不是为了放弃努力，而是为了根据自身条件做低成本尝试，找到适合自己的路，赚到属于自己的那桶金。

最近总听人说，过去机会多，现在大环境很差，什么都不好做。当然，宏观环境会影响每个人，然而大部分开口闭口说机会少的人，就是放到机会多的年代也做不出什么成就来。

很多人身边应该都有一种长辈，总说20世纪90年代生意好做，抱怨现在什么也不好干。他们在20世纪90年代的时候都年富力强，正是打拼的好时候。可是那个增加财富的黄金年代，也没见他们有所作为。

这种人总是满腹牢骚、怨天怨地，往往一事无成。要知道语言有着潜移默化的力量。当一个人总是持悲观态度，认为什么都难做，自己首先就相信了，也就自我放弃了。天天抱怨和发牢骚不断会让自己越发前怕狼后怕虎，不停地为自己的懒惰和怯懦找理由，不是怕今天大环境崩溃，就是怕明天的不确定性。

不管哪个年代，运气的成分固然很大，但差异终究还是在人本身。

以前看过一个新闻，说某位企业家和一个农民工在海南打工的岁月里做过室友。后来农民工还是干体力活，某企业家却成就比较大。某些人能折腾，又懂得看大趋势，这种人才是那个时代的弄潮儿。

有人说我就是不想折腾，舒舒服服地过一辈子，不行吗？当然可以。不过能舒服又稳定地过一辈子，还不想努力，那需要父母有积累，或者天赋高于常人。从历史的经验看，过去十年的稳定生活，在未来十年的社会变革中都会受到剧烈冲击。可是多数

第二章 学习是你最好的加速器

人在当下的选择总是短视的，好像故意屏蔽了现实。

20世纪80年代，人们看不起个体户，但那时真是个体户的黄金年代，大批"倒爷"在那个年代里发家致富。当时，人们认为最好的职业是在国企当工人。很多大点的企业不光有学校、食堂，还有医院和幼儿园，进去一辈子都衣食无忧了。很多人以为当了工人就能安稳一生。20世纪90年代，下岗潮席卷中华大地，最稳定的铁饭碗被砸碎了。

2000年开始，外企又进入人们的视野。直到2008年金融危机前，外企还是高福利、高收入的象征。收入高、工作体面几乎成了这个阶段外企的代名词。进不了外企的人，会退而求其次地选择通信、银行这种体面的单位。当然，现在外企也衰落了，并不像从前那样光鲜亮丽。传统的通信、银行业也不如以前了，待遇一年不如一年。

现在人们争相进入阿里巴巴、腾讯等互联网企业，在当时，并没有太多人愿意加入。

直到2010年前，到阿里巴巴、百度这种互联网大企业工作还不是大学优秀毕业生的首选。

随着互联网行业的迅速发展，人们眼里的高薪好工作也从入职外企变成了入职互联网公司。不过从2020年开始，似乎又到了一个新的转折点，互联网公司也开始大面积停止招聘了。

这些年来，有什么行业红利期超过十年吗？还没有！十年一轮回就像个周期魔咒。

如果非要说有什么规律，大概就是一个人如果行业红利期的时候无法抓住机遇努力向上，到了行业下行期的时候只会更无力。

现在很多人面临的中年危机，多是因为他们所在的行业红利期远去，并且他们年纪大了，职位不上不下，很容易被公司淘汰——以前是中年的车间工人面临中年危机，现在是写字楼白领面临中年危机。

大家平时除了做好本职工作，还要为自己的未来抓学习促生产。抓学习是为了提升自己的认知，跟上越来越复杂的社会形势变化，不要在关键问题上做出错误选择。促生产的目的是不浪费自己的黄金时间，知道企业不可能养你到老，就要早积累资源、人脉、经验、资金等，争取在工作的平台之外找到一条属于自己的生存之路。这是未来多数人对抗中年危机的最佳武器。

三

凡事要努力，但别有急于求成和一夜暴富的妄念。有妄念就很容易掉坑里，没被机会砸中，倒是很容易被骗局砸中。很多人花大价钱到柬埔寨的穷乡僻壤买地升值，卖两套房让没天赋的孩子出国留学或者学艺术，砸锅卖铁投资不靠谱的股权、传销区块链或者P2P。除了认知的问题，更大的问题在于他们急于求成，渴望一夜暴富。然而这些无知的操作，可能让一个家庭的资产遭受重大损失。如果你连"再来一瓶"都没中过，为什么总想着幸运之神会把暴富机会砸到自己头上？

在自己的能力范围内学会投资增值，逐步做大自己的资产就是成功。一步一个脚印，细水长流慢慢积累，日子一天比一天好就是胜利。

有人说，我不愿意做什么投资增值的事，好好地工作赚工资不折腾，不也是挺好的事吗？这也没什么问题，不过这样做的结果大概率你会越来越穷。因为你什么投资也不做，资产升值的被动收入错过了——20世纪80年代万元户还是富裕群体，如果他们没有继续发展，现在已经变成了穷人。

我印象最深的就是朋友的父亲反复念叨的事。朋友的父亲在20世纪80年代已经靠批发杀虫剂赚了20万。那时候存银行利息高，每年百分之十几的利率，一年的利息有两三万。在那个万元户时代，这个收入是天文数字。当时他父亲觉得靠利息就能一辈子衣食无忧，是整条街最风光的人。朋友的爷爷告诉他父亲，咱家都是本分人，赚到手的钱别乱投资，也别借别人，存在银行就行。后来的事大家也都知道了，他们存到银行的本金没有享受到资产增值，存款利率也不断下滑，一辈子衣食无忧的故事真的成了故事。

说到底，这些年多数人的财富迅速增加其实全是资产增值带来的，并不是你辛苦工作赚来的。

2008年四万亿大放水，是很多人身家拉开距离的起点。体现最明显的是当时财富水平差不多的两个人，拿着等值现金的人越来越穷，换成房的人随着资产增值，财富迅速增加。站在原地拿着现金没来得及出手的人，就像赶火车到了站台差一步没来得及上车。火车离站，他只能在站台干瞪眼，眼睁睁地看着火车越跑越远。

在当今迅速发展的时代，如果要维持一定生活水平不变，就必须折腾下去，不然存钱的速度根本赶不上纸币购买力缩水的速度。主要是纸币购买力缩水实在太快，如果能不折腾，谁又想那么费力地折腾呢？很多人焦虑的医疗、养老、教育问题，本质上来自收入不足和通胀对纸币购买力的侵蚀。

总结一下，为了避免以上的种种问题，我们至少要做到以下三个方面：

一、与时俱进的学习和自我教育不能停，这样你才能保持认知的相对优势。你遇到的很多问题本身就是认知问题，而且你也只能赚到你认知范围内的钱。

随着信息社会的到来，未来会比工业社会和农业社会更残酷，竞争会更激烈。只有不断学习，更新知识和不断尝试迭代知识水平，才是对抗这个复杂社会的唯一武器。

二、抓学习的同时，也要促生产。有了计划和目标以后，就早点动起来去尝试。从初始成本低的事情做起，而且做得越早，积累得越好。

每个人最宝贵的东西是时间，你毕业后的黄金时间就那么几年。你在工作中学习经验的同时，你的工作单位也在吞噬你的时间。如果你的个人成长速度，比工作单位吞噬你时间的速度要慢，那你很快就会变得没有性价比，后面必然会遇到中年危机，所以不管试错还是跳槽都要趁早。

三、普通人对抗购买力缩水最好的办法就是提高收入之后，尽可能抓住资产上涨带来的增值。只要货币超发，必然会推高资产价格，稀释货币价值。在这个过程中，资产价格会被动上涨，货币真实购买力会不断下降。初期要努力提高自己的工资收入，做好本金积累，有了积累之后就要择时买入资产包让本金增值，以此来对抗纸币购买力缩水。

2020年，因为疫情的原因，很多人待在家里很久之后才发现，原来真正让人焦虑的根本不是忙和累，而是没事做、没钱赚和没有成就感。明知道自己该努力了，却不知道该往哪儿用力，一晃眼一个月、两个月、三个月……就这么过去了。时间是每个人最大的成本，这次的经历让我们感受到时间的宝贵，所以我们有了计划和目标，就要马上去做，别浪费时间。种下一棵树，最好的时间是十年前，其次是现在。

把知识转化成生产力，才是硬道理

一位读者问我，×××的两万一星期的课程值不值得去上？我告诉他，我认为不值得。你自己想想你能在里面收获什么？他告诉我，他这次想参加两万一周的活动的目的是想提高表达能力，同时也想收获一些人际关系。

我告诉他，不管演讲还是写东西等内容输出，最关键的是靠一个人长年累月的积累。两万一周的课程能帮你积累点什么东西呢？几乎没有任何帮助。

对于有些人花很多钱学东西这一行为，有人总结得非常精辟：某种程度上，花大量的钱同时又浪费大量的时间在没有价值的课上，尽管这种课程会让人感觉很有收获，但是这和购买不实用的东西没什么本质的区别，比的都是"我有这个可以在别人面前怎么样"，却忘记了"我买这个是想要自己达到什么目的"。

除非是因为兴趣爱好，愿意在上课这种行为本身上花钱消遣，其他不能转变成生产力的学习行为，只能成为茶余饭后的谈资，让你聊以自慰。

第二章 学习是你最好的加速器

短期内花点钱就容易解决的问题会是什么难题？短时间内提高的能力又是什么能力？答案不言而喻。创业简单吗？肯定不简单，除去新兴行业，你是在和同行业千千万万个老手在竞争。人家比你有经验，在这个行业耕耘了很多年，你没有可行的方法、足够的资金、可靠的人际关系等，拿什么和人家竞争？

做副业的道理也一样，如果你贸然进入一个你不熟悉的领域，你等于也是在和无数有行业经验的人竞争，怎么随便就能获胜？

一个人的成功来自对既有优势的把握，来自对自己擅长领域的挖掘。如果一件事你已经付出五年还没什么成就，你做一个完全不懂的新东西成功的概率又有多大？很多人总想跨界尝试新的行业，放弃自己已经拥有的东西，在自己完全不懂的领域和别人竞争，你的优势又在哪里？

老子的《道德经》里有句话："图难于其易，为大于其细。天下难事，必作于易。"意思是要想克服困难，应当在它还容易的时候着手，要想实现远大的目的，应当从细微处做起。因为天下的难事一定开始于简易，天下的大事一定从小事开始。

一个人想做成事情，要从细微处、自己有优势的地方着手，而不是没有积累就想着一口吃个胖子。

当然了，对多数人来说，玩游戏、看电影才是愉悦的事情，而学习和锻炼是水深火热的事。这是因为所有的系统都在朝着自毁的方向走，这一现象也就是物理学的热力学第二定律，也是这几年特别流行的熵增原理。而为了对抗熵增，我们就要不断地审视自己，提防自己的惰性和坏习惯，和自己的弱点做斗争。

资本有限的人学习更要明白：自己需要什么，有的放矢，不要浪费钱，更不要浪费时间。

大多数人通常各方面都普普通通，各种特征都占一点，但没什么特别出众的地方。就像游戏角色刚出新手村①的时候，三维属性（智力/敏捷/力量）都很普通。在先天条件普通的情况下，只有目标清晰且执行力强的人，才能通过长期的积攒，在某种属性上超出常人。

如果你确实在积攒"三维属性"这方面完全拿不出手，那么你最好一边认真工作，慢慢地存钱攒本金，一边学习读懂政策和投资，这才是你最应该选择的路。当你真的学明白了这些方法，跟上国家几年一个周期的楼市和资本市场波动，每次变富一点，也能过上不错的日子。

---

① 新手村：玩家第一次进入游戏时所在的地方。

中等收入家庭的父母和孩子最该学什么

有一则关于子女教育的新闻很让人感慨,讲的是杭州有一家人,卖了三套房培养女儿学艺术,最终没考上让全家崩溃的事。具体的过程是这样的:女孩的妈妈顾某起诉,要求前夫张某(即女孩的爸爸)平摊20万元的培训费,这笔费用是之前女儿高考前两个月的冲刺辅导费用——张某和顾某的女儿一直以来文化课不理想,但是她在竹笛演奏上有一定的天赋。于是顾某带着女儿去北京学习,然而租房和培训的费用极大,尤其是拜名师的费用更高。为了让女儿学习竹笛,家里甚至卖掉了三套房,依然不够女儿学习的费用支出。张某希望炒股赚钱,他借钱炒股没赚到钱,却欠下100多万债务。因为长期分居,再加上经济压力,张某和顾某选择了离婚。女儿选择跟了顾某。离婚两年后,顾某来问张某要这笔"拜名师"的培训费,并且这次女儿还是没有考好。张某不愿意付这笔钱,也确实没有能力支付这笔款项。法院审理后认为,抚养费(教育费)中并不包含考前冲刺辅导费,因此张某不需要支付。虽然张某赢了官司,但张某还是反思道:"我这一生做得最错的一件事就是把女儿培养成艺术生。"

新闻里发生的事情，简直让人觉得不可思议。新闻里的女孩子被家里耽误，女孩子的父母也把自己害了。现在有太多这样的父母，他们把家里所有的希望和资源都堆砌在孩子身上。大多数孩子都是普通人，不会因为你花的钱多，就意味着孩子一定成为高才生，所以这种高成本的投入基本都是肉包子打狗，最后只是给父母自己买个梦罢了。

很多家庭在孩子很小的时候就开始在孩子身上投入高额的教育费用——各种培训班，都说早点让孩子学习，就能让孩子头脑发达，最后往往是家长的钱花了不少，孩子也没有什么长进。

对多数普通人来说，读书就是为了就业，教育就是投资，毕业以后拿不到高薪就是投资失败。别说像新闻里杭州这个考不上大学的孩子，即使考上大学了，出来找不到好工作赚不到钱也是失败。现在太多普通家庭卖房子筹资，让孩子出国留学，然而孩子留学回来，一辈子也无法赚到能够买回卖出去的那套房子的钱。

普通的孩子还是先把学校的基础知识学扎实，即使参加校外的培训班，也尽量优先选择培训考试的内容，尽量考个好点的大学。如果实在不行，就学能够找到可观薪水的技能。当然要舍得在孩子教育上投资，但教育也是讲回报的，不能不顾一切地投入。如果孩子实在没有一点读书的天赋，就在教育上做出适当的投入，把钱留下来变成房产和股票才是最实际的，资产才是一个家庭真正的起跑线。

第二章 学习是你最好的加速器

新闻里的父母虽然行为偏执,但是也不得不说可怜天下父母心,他们只是选择了错误的方式方法。他们和多数的父母一样,往往不明白这样一个事实:一个人的发展路径和结果,其实是一个系统工程。一个人收入是多少,一个人在重要事情上如何抉择,可能在一个人很小的时候,他出生的家庭背景、教育方式,以及父母的见解和能力,就已经给他现在的人生埋下了伏笔。如果一个人在关键节点的选择出了问题,除了他自身的原因之外,也是他成长中某些难以控制的因素决定的。

我们经常可以看到一些父母没有什么成就,教育起孩子来倒是头头是道,孩子也和父母对着干。大多数父母都没意识到,其实孩子是在模仿他们自己。

董卿说过一句话很经典,你是什么样的人,你的孩子就会成为什么样的人。你是怎么做的,他就会怎么做。太多人无法成为合格的父母——有一些为人父母的人,在他们二十多岁从学校毕业之后,就放弃了学习,每天无奈地做着机械的工作。他们一旦有时间,不是打牌打麻将,就是看无聊的电视剧,现在只是把看电视剧改成了刷抖音和快手。这样的父母,在孩子还小的时候,没有办法靠知识和威严管束孩子,只能依靠武力。孩子有样学样对着干,大人除了生气和焦虑,就没有更好的办法了。

等孩子成年以后,尤其中年以后,反而可能觉得父母的话有道理,因为这样家庭环境里长大的孩子,多数根本没办法突破固有的阶层,因此生活的环境难免和父母类似,就会遇到和父母相似的问题,也就有了类似的感悟,正好用上了当初父母讲的那些道理和教的那些方法，于是开始了又一轮的循环。

实事求是地讲，如果孩子不是天分极高，现在花远远超出家庭承受能力的钱用在教育上，是风险极大而收益极低的事。即使在孩子的教育上投资了很多钱，最好的结果也可能就是孩子长大以后找个过得去的工作，但是他还有可能面临中年失业的危险。

中等收入阶层的很多人去参加各种教育培训，花了那么多的时间和精力，多数是奔着如何找到好工作去的。其实中等收入阶层的人，能够把实业、股票、楼市投资中的任意一项的规则融会贯通，并且避开里面的陷阱，就能有不错的收益。之后再把这套规则传授给孩子，这才是教育里必不可少的，也是最有用的。

就算你没太多的钱，踩对经济周期的点，做两轮投资，也足以让你衣食无忧。不过太多的成年人懒得学习新的知识和技能，更别说教孩子了。很多大人砸钱逼孩子，把希望寄托在孩子身上，其实是因为逼孩子比逼自己容易太多了。

多读书，多实践——越早试错，越能积累足够的经验，避免中年的时候掉坑里。中年的时候上有老下有小，掉到坑里是风险极大的事情。有些人拿着辛苦积累的钱搞P2P却一夜返贫，不就是这样吗？

学知识的正确方法

　　对大多数人而言，应该计算教育的成本，把它视为一项投资——教育支出对普通家庭来说，是一项比例很大的支出。而且对于多数人而言，接受教育的目的，就是让自己适应未来的社会，让家庭有更好的发展。因此，我们要从投资的角度来看待教育，才能更好地使用家庭中有限的资金，让它发挥最大的价值。

　　有个读者在认知到教育也是投资以后感叹道：我在读本科的时候不想就业，于是选择了出国读书，结果我在研究生毕业之后，就业的压力就来了。人真的不能回避问题。

　　当一个人遇到问题时，就要想一切办法解决问题，否则不管你怎么逃避，将来总是要面对的。幸好这位读者攻读的是理工科，学校也不错，他只要考虑在什么城市发展，选择什么职业等问题就行了。

　　相对而言，文科专业的毕业生以后就比较难找到理想的工作了。很多文科生发现，即使学历再高一点，毕业以后就业机会和薪水与低一档的学历相比，也并没有增加多少。

以前看过一个段子说，很多人对自己目前的工作不满意或者感觉自己到了一个瓶颈，然后就去进修了一个更高的学历。毕业之后你会发现，之前遇到的问题和学历大多没有什么关系。

我们遇到的一些问题，有时候并不是不努力导致的，可能是你开始的时候就选错了方向。

因为选错了专业而导致难以找到理想的工作，不仅国内存在这种现象，国外也存在——国外有人"吐槽"某个很坑的文科专业说：我的朋友获得了埃及学的学位，但是找不到工作，所以他只能花更多的钱去获得博士学位，这样他就可以教别人埃及学。在他的案例中，大学的有些专业简直就是一个骗局。

辛辛苦苦读了很多年书，依旧找不到好工作的现象，我在十多年前就已经见过了——那时候我刚刚从学校毕业，我的第一份工作是在一家西班牙公司。这家公司在西班牙最富裕的加泰罗尼亚地区。即使这样的地区，年轻人依然很难找到工作，尤其是学文科的年轻人。

我在那边工作了六个月，让我难以置信的是，当时我们要招八个接电话的客服，结果来应聘的有几百人，这些人多数都有硕士学位或博士学位。

当然，这和当时当地经济不景气也有很大关系。我并不知道现在当地是否还是这样的状况，不过当时博士生来应聘接线员的事，让我非常震惊。我从那时候起，就对到底该如何在教育上做出选择，开始了思考。要知道在我从小建立的观念里，博士这种高学历的人才不是在实验室，就是在写字楼。

读书都读到博士了,为什么还找不到好的工作,只拿这一点薪水?刚开始的时候一直想不通,后来我才明白,教育也是一项投资。

教育是关系到一个人、一个家庭未来命运至关重要的投资。一个人要根据自己的家庭情况决定教育的花费、选择的专业和学习的时间。选择专业的时候要清楚,我们学习要抓住目的导向——市场上决定薪酬的是什么?是就业人数、行业的发展及行业需求人数的供求关系。为什么人工智能专业的人有点项目经验就能拿高薪?因为人工智能行业发展迅速,未来需求旺盛,市场份额巨大。

相对而言,文科专业毕业的人,普遍在人才市场上供大于求,这就决定了文科专业毕业的人不可能在就业市场上有高收入。然而很多人并不知道,他们自己从一开始,就选择了被市场抛弃的专业。

另一方面,很多人并没有意识到,理科知识的系统学习需要大量的时间和精力才能完成,一旦一个人毕业之后走上工作岗位,就难以有足够的时间用来学习。更因为理科知识的枯燥,能够独立自学系统性理科知识的人寥寥无几。但是一个人在工作中和生活中,时时刻刻在接触文科的知识,而且文科知识相对理科知识没有那么枯燥,哪怕在工作以后,也相对容易系统性地学习。这同时也意味着,理科生即使毕业以后,也可以非常容易地学习文科知识。这就造成了理科知识更容易保值,而文科知识更容易贬值的现象。

文科生就业前景不好，收入不高，为什么很多文科生继续读研呢？因为很多文科生毕业以后找不到心仪的工作，结果错误地以为是自己学历不够。如果读完研究生以后还是找不到心仪的工作，就继续考博士，继而打算留在大学工作。然而看看现在的人口出生率吧，未来大学并没有很多孩子，也不会有那么多岗位啊。

当一个人花了家里那么多钱，用了那么多的时间和精力读了这么久的书，毕业却成为高学历低收入群体，心理落差有多大可想而知。导致这种结果的，是因为你从一开始就掉进了高学历低收入人群的坑里。

我是个结果导向论者，我认为对大多数人来说，财力和精力、时间都是极其有限的。在各种资源都有限的情况下，不管你是花钱留学、考研读博还是参加各种技能培训，首先要想想你的目的是什么，这么选对你来说会有多大帮助。花了大量的时间精力以后是离自己目的越来越近了，还是越来越远了。

有个读者反驳说："在学习这件事上不能太功利，对于一个个体的感受和生命体验来说，虽然弹琴不能获奖，但是生气和忧伤的时候多了一个抒发的渠道；眼界不能下饭，但是能体会到更多生活的滋味和层次，而且有时候确实能认识贵人或者变现。人除了变成统计数据上的一个点，还是有很多奇妙时刻的。"

这段话我是部分认同的，比如说，如果弹琴这个特长真的能让你驱赶自己的负面情绪，那你所花的时间和金钱算是值得的。最怕的是孩子本身没艺术方面的天赋，但是家长有个艺术方面的梦想，孩子每天被逼着练习，每天花费大量的时间又不见什么成效。一个家庭如果财力有限，孩子并没有艺术天赋，还是学一些成年后在职场上用得上的技能更有价值。

很多人认为开阔眼界就能结识贵人，这是非常错误的观念。我人生中遇到过两次贵人，都给了我莫大帮助，因为遇见他们，我的人生上了几个台阶。我两次得到贵人相助的经历给我的经验是，贵人从来都是帮助"能帮"的人。换位思考一下，如果一个人，不管是从短期还是从长期判断都没有被帮助的价值，哪个贵人会帮你呢？人会因为具备某种天赋、值得信赖的人品以及某些特质（比如勤奋）而被帮助，更重要的是，你被帮助以后，能给帮你的贵人带来什么。当然，人家想帮你，你当时也得有实力接得住——你只会弹弹钢琴，可是接不住的啊！

总之，很多事情，远不是眼界所能解决的，而是需要你有硬实力、真本事。

做好这道人生的选择题

一

每年的高考对高三的孩子来说是一道分水岭。每年的这个时候,就会有很多关于高考和读书的讨论。很多人在这个时候会抨击在学校学的那些知识没什么用,尤其是在高中学的那些知识,现在也没派上用场,并且早已忘得一干二净了。

持这种论调的人,是因为没有从更高的层面上看教育。

首先,教育的过程是由浅及深的。一个人不可能没有小学、中学的知识积累,就能学会大学或者更高阶段的知识。虽然你忘记了某些公式、某些知识点,但正是你对那些公式和知识点的学习,才逐步形成了你现在的知识体系。

很多知识,你时时刻刻都在运用,尽管有些公式你早已忘记,你对比哪怕上了初中的人和文盲的区别,就知道上学系统性地学知识与不学知识的能力差异了。

哪怕一个人仅仅有了初中知识,他也具备了自学不同领域知识的基本能力。如果你让一个从来没有读过书的人去自学，那简直比登天还难。

再有一个是最重要的，就是哪怕一个人仅仅读完初中，他也有了基本的科学素养，他拥有了语文、数学、物理、化学、历史、地理等学科完整的知识体系，他就拥有了完整的知识框架，因而不管是在以后的工作还是生活中，只要学了知识，就能不断地完善自己的知识体系，让自己的知识升级，即他的能力可以不断地升级。比如你某天看到了一句话：东京大学在日本的首都，是日本第一所国立大学，也是亚洲创办最早的大学之一。对于一个文盲而言，他根本不认识这些字不说，哪怕他认识这些字，因为没有学过地理知识，根本不知道亚洲是一个什么概念，也很难理解什么是国立大学，甚至可能都不知道首都是什么概念。你不仅能理解这些概念，而且知识体系中地理知识体系的亚洲部分，或者是增加、或者是强化了亚洲有个日本东京、东京有个东京大学的知识。日积月累，你就远远比没上过学的人的知识和能力强得多。如果你勤于读书和实践，成功率会比一般人大很多。

其次，教育是选拔人才的过程，即教育集合了传授知识和塑造人、选拔人的功能。高考的意义不仅在于知识本身，选拔和塑造人才是最主要的目的。在这个过程中，人会被塑造得勤劳，做事有条理和逻辑。同时从众多的学生里把智商高、自律和勤奋的孩子挑出来，让他们担负社会上的重要岗位和职责。

就像影视剧里演的一样，当一个孩子进了少林寺，练功之前需要练习劈柴、挑水、蹲马步、提高体能等基本功，总不会进门就让你练九阳神功易筋经吧。

有人说高考改变了很多人的命运，其实这话只说对了一半，改变命运的不是高考本身，而是一个人在小学和中学的苦读生涯。到高考的时候，不管你怎么临时抱佛脚，变数非常有限。这个道理就像是做投资，投资赚钱本身需要的是大量的阅读积累和实践，是一个从量变到质变的过程。没有足够的知识铺垫和人生阅历做基础，想在股市开盘那几个小时点石成金、一夜暴富，绝无可能。

还有人习惯把别人的成功归结为幸运。运气的成分有没有呢？当然有，不然就不会有一命二运三风水四积阴德五读书的说法了。很多人不信这句话，其实也没什么问题，这和人生经历有关。几乎所有厉害的人的关键一步都是靠运气迈过去的，勤奋和学识不过是基础，只不过没人会跟你说这个而已，而且说了也没用，因为不可复制，也就没法学习。

多数人之所以对命运这个问题没感受，是因为他的人生都是按部就班的。比如读书的时候做好学生，毕业的时候做好员工，上班领工资，很少冒险，自己的每一块钱是怎么赚的，都清清楚楚，自然对命运这玩意儿没什么感受，也很难信命。

从事高风险活动的人，每天面临各种不确定性，就会对不确定性充满敬畏。成功的人最后往往容易变得迷信，因为他们本身就是在不确定性中受益的，越成功的人到后面越迷信。因为他自己深深知道，和他同样努力并且天赋差不太多的人太多了。

他自己能成功很大程度是基于命好或者运气，也就是所谓的不确定性。对多数普通人来说，还到不了看运气这个阶段，也就是说一命二运三风水对他们起不到什么作用，只能靠第五项读书，通俗地讲就是努力。

资质差不多的人差异主要来自几年如一日的自律、努力和尝试。而且运气这玩意儿也是从一次次努力和尝试中得来的，你天天躺着什么也没干，很难有运气找到你。别说普通人，天才也是需要一次次枯燥重复的训练和千百倍的努力才能成功的。

科比算是天才了吧，以前有本书写过一段经典对话。

记者提问科比："你为什么能如此成功呢？"

科比反问道："你知道洛杉矶凌晨四点钟是什么样子吗？"

现在湖人的当家球星詹姆斯也是一样的。他曾经一大早在社交媒体晒出自己训练的照片。时间是凌晨4点48分。詹姆斯在这张照片上写道："早起的鸟儿有虫吃。"

很多人总说人生需要个人努力加贵人相助。其实教育就是人生中第一个贵人。高考就是教育这个贵人对多数人的一次救赎，顺带检验你几年努力的成果。通过贵人的检验，能把你往上拉几个层级。

今天我们想讲的不是努力，主要是选择问题。

二

读大学，该如何选择学校、城市和专业呢？它们三者该如何排顺序呢？我的建议是根据成绩先选学校和城市，再考虑专业。

为什么说学校比较重要？因为现在招聘首先要看的就是学校是不是985类大学或者211类大学，再不济要求都是一本。

不过，我不太建议单纯为了211去一个封闭的内地城市。比如，某所偏远的大学虽然是211里分数最低的，但如果不是特别必要，尽量不要选择去这个地方读书，尽可能去东部沿海经济发达城市。发达的城市会开阔你的眼界，环境带来的影响是非常大的。越是封闭的内地，环境对人的成长帮助越小。

某位企业家演讲中的一段内容特别好：十多年前在上海读书的时候感受就很明显，大一时候本地的孩子洋气一点，其他人好多土里土气的，还有人普通话都说不好。到了大二、大三，大家的形象气质就都跟上来了，普通话也标准了，这就是环境的作用。

多数人读书是为了就业，很难就业的专业非必要不要选，比如历史、哲学、中文、播音主持。

历史、哲学、中文这种专业除了出来做老师，基本很难找到合适的工作，即使找到薪酬也不高。比如你学历史专业，即使研究生毕业，工作的地方除了学校就是培训机构，除此之外基本没第三种选择。如果你确实热爱教育事业，语文、数学、物理、地理、历史、政治中的某一单科很强，可以报考师范或者综合大学对应的专业。

同样是985或211，专业有时比学校重要。比如清华大学、北京大学一般的专业其实不如复旦大学、上海交大、浙江大学的好专业更好就业，选复旦大学的哲学专业不如选华中科技大学、北京邮电大学的计算机专业。

以播音主持这种专业为例——每年招聘市场上对播音职位的需求有限，电视台和广播电台能有多少岗位？每年毕业的播音主持专业毕业生倒是一茬一茬的。以电视台为例，由于互联网的冲击，很多二、三线卫视收视率一直下降，收视率越下降，广告收入就越低，电视台收入越低，就越难有经费买到头部大戏。电视台没有热门的影视剧播放，自然就更没有广告投放。因而形成了恶性循环，于是电视台需要的工作人员也越来越少，待遇也越来越差。

三

关于选专业，以前有个流行的说法：穷学工，富学商，贵学文，实在没办法最好上蓝翔。其实这个说法到现在也适用。

穷学工是因为理工科专业是最容易就业的专业。家境一般，家里帮不上什么忙的人最好选理工科专业。学理工本质就是学习科学技术，有了科学技术，你立即可以变成一个有用的人，哪怕没人帮你，你也能够在这个社会立足，有属于自己的饭碗。理工科专业有很多，大家熟悉的机械、物理、化学、材料、计算机都是工科专业。而在这些专业里，计算机编程是首选，为什么呢？主要标准就是看行业待遇。如果你看过毕业五年行业薪酬排行榜会发现，虽然每个行业都有佼佼者，但大多数人最终都符合正态分布定律，薪酬都是向中位数靠拢的。数字说明一切，2019年的数据显示互联网是当之无愧的第一位。

有人会说，这两年开始互联网行业不是不行了吗？这个行业确实开始从野蛮生长期进入成熟期了。进入成熟期以后，虽然这个行业不像以前野蛮生长，但是因为整个系统越来越庞大，需要做系统维护的人是海量的，需求不会减少，只会增加。而且这个行业潜规则相对少，只要你认真负责，又有一定水平，很难被埋没。

编程这个工作其实需要的是熟练工，做成编码的大神需要天赋。如果你就打算拿个两万多工资，天赋是不需要的，熟练就可以。就像外语一样，编码也是个熟能生巧的活。这个行业代码量不够，水平就很难升级，行业中能拿高薪的基本都是能做性能优化和架构设计的，代码量不够你连门都找不到在哪儿。如果你在读书时候就早早地开始尝试写代码，写得足够多，面试的时候，你早就远超你的同学了。这事说起来容易，做起来对多数人来说非常难，毕竟学习是个枯燥的活儿，能咬牙做下来的真的不多。

富学商就不用说了，家里有钱或者能支持你做生意，商科才是更好的选择。对多数富家子弟来说，家庭的财富已经完全可以让他们脱离单纯对就业问题的思考了。他们不需要通过学习技术来谋生，需要的是学习如何稳固和扩大家族的财富。

当然，我们不否认富家子弟也有天才，可以通过高科技获得专利扩大财富，类似比尔·盖茨。但这毕竟是极少数。商业主要讲究的是人脉以及对某个行业的了解。你会发现多数富家子弟都擅长社交，也更热情于投资，对维护传统的人情也很愿意投入时间和金钱。所以，他们才是学商科最适合的人选。

贵学文又是为什么呢？文科专业，其实对多数人来说是最华而不实的。尤其是哲学专业和管理类专业，比如什么工商管理专业的，毕业后根本找不到对口的职业，谁要一个刚毕业的学生来搞管理呢？

不少人有个错觉，以为学管理就能当领导，学经济学就能投资赚钱。事实上，学了管理毕业后做得最多的工作是打杂。学了经济毕业干的最多的就是做中介找客户，不是说找客户不好，这个工作做好了可以很赚钱，但是要求你眼明手快心灵手巧，人机灵，形象气质不错，多数人做不到。而且学文科或者管理找不到合适的工作也不是因为专业，而是你根本不是某个圈层的人，是你没踏入某个圈子。这点不管在国内还是国外都通用。欧美普通家庭的人很少读这种文科专业，因为对于家庭普通的人来说，他没有试错的机会，也没有试错的本钱。

说贵学文，不是学文了就贵，而是家底贵气，有钱有闲的人才敢学文。对某些人来说，赚钱生活真的不是他们的目标，他们可能真的是为了理想而做事，只有普通人才为了赚钱养家糊口而工作。

很多人对文科有误解，大概是因为20世纪70年代这批文科生混得还不错。那时候，文科不是财经专业毕业的，就是法律类专业的，赶上了后面的经济浪潮，学了证券、房地产、金融、国际贸易、会计、保险等专业，毕业后就供不应求，哪儿都缺人，到什么单位都是骨干。不过过去的经验早失效了。

至于实在不行上蓝翔,并不是贬低一个人的话,因为不管你承认不承认,有相当一部分人在学校读不进书,家境也一般。这批人最好的出路是学一门安身立命的手艺,比如厨师、美容美发等。

穷学工,富学商,贵学文,实在不行上蓝翔,本质上是根据你自己在社会里的位置,选择求学和就业的方向。就像前面说的一样,普通人家的孩子千万别去报什么工商管理专业,因为毕业之后,大多数都是被管理的一拨人。

尽量选理工科,努力点读书,学会一项安身立命的技能。最好是有沉淀以后,离不开你的那种技能。即使你想以后管理别人,也需要逐步积累,一步步完成人生的进阶,这并非靠选择管理的专业就能实现。

一个人按照自己的实际状况做出选择,就会轻松很多。

四

选专业还有个要考虑的事就是风口和职业生涯周期[①],这点在任何行业都适用。我们一直说,选择比努力重要,这其实说的是选对风口非常重要。如果你做过投资,你会发现我们大A股市场就是风口的完美诠释。当大A走熊市不在风口(赛道)的时

---

① 职业生涯周期:从开始从事职业活动到完全退出职业活动的全过程。

候，也不是说不能赚钱，尽管人们起早贪黑、废寝忘食地研究，多数人还是亏钱。可是在2015年上半年牛市的时候，每个人都是股神。

十多年前外企是最好的行业，那时候外企的员工出入五星级酒店餐厅，加班少待遇高，出门体面，最好的毕业生都选择了外企。现在，外企在大家眼中已经是衰败的代名词了。

那时候阿里巴巴很难招到优秀的毕业生，可是今天人们说起来好公司不是阿里巴巴就是腾讯和今日头条。早期的员工卖了股票都有几千万元，基本实现了财富自由。

显而易见，互联网就是十多年前的风口。所以选对风口还是很重要的——风口在不停地变化，你不一定非要选到最强的行业，但一定不要选走下坡路的行业。

现在处于下行的行业主要集中在被互联网大幅冲击的行业，比如报纸、杂志，还有零售业。

未来的风口多数会在人工智能、机器人、芯片、生物科学之类的高科技领域诞生，不过进入这些行业的门槛还是挺高的。

从最近的趋势来看，我们未来要开足马力发展高科技，以技术立国。因为走的是技术立国的路线，普通人家孩子逆袭的机会会很多。

对普通人而言，做选择的时候除了风口，还应该考虑全职业周期。全职业周期是说需要全面考虑你的职业生涯前半段的收入和后半段的收入占比。

很多吃青春饭的行业，比如运动员，前期收入很高，前提是你能杀出千军万马成名。即使这样，到了30岁以后如果转型不成功，收入也会直线下降。多数人在社会上工作吃的也是青春饭，而且收入还不高，因为工作没什么技术含量。

凡是简单工作都会面临着年龄的危机，所以才有了35岁职业危机。如果你每天从事着简单又重复的基础劳动，不需要什么人脉，技术含量也不高，比如最简单的文员，35岁时的你肯定比不过刚毕业的大学生，人家手脚快，也了解更新的信息，跟得上潮流。而且这个问题越到后面越无解，越早考虑全职业周期这个概念，就越能提前准备，越能避免35岁职业危机。

从全职业周期的角度看，显然医生这样可以随着职业生涯的发展而身价上升的职业更好。很多医生可能35岁之前收入不高，但到了副主任以上级别时收入则呈几何增长，很多人60岁远超30岁的收入，一辈子不会为生活奔波。

看多了行业变迁，你会不再相信任何一个行业能保障你一辈子过上比其他行业好得多的生活。

以前最赚钱的是物资系统的倒爷、轻工企业的销售，后来是外贸公司的业务员和各种私营企业小老板，被人们称道的职业还有银行柜员及移动电信员工，都曾一度独领风骚。

当行业走下坡路的时候，可能只有当初进入了管理层的情商高的人或者自己利用资源做了老板的人才能保持收入的增长。对普通人来说，考虑全职业周期加上终身学习和转型是一生的必修课。

要记住,年轻的时候靠体力和好奇心赚钱,年长之后靠经验和人脉赚钱。

继续读书还是马上工作

有个在网上很火爆的新闻，说是上海交通大学保卫处有个工作，要求是研究生以上学历。

网友调侃说，不好好学习将来去大学当个保安都没希望，人家保安学历都要求硕士了。当然这是个玩笑，这个岗位并不是普通的保安，而是管理岗，类似保安队长的角色，这个要求并不算过分。不过这两年学历在贬值也是事实，现在"双一流"高校非教学行政岗基本都要求硕士学历，而且本科必须来自"双一流"高校。比如复旦研究生院里面做行政的基本都是复旦博士，而且做的是最基础的工作。如果想做非行政岗的老师，很多学校都要求博士毕业以后继续读两年博士后，然后再视科研成果而定。一、二线城市好点的中学老师基本都要求名校毕业，最先录取的也基本是清华、北大毕业的学生，比如深圳南山外国语的教师名单里老师的毕业院校就凸显了这一点。

学历贬值的速度远比货币快得多，原来考个大学就能找到好工作的年代一去不复返了。所以，大学毕业还是尽早就业，能在

第二章 学习是你最好的加速器

行业里占个位置远比考研读书重要。

过度教育带来的教育回报率下降导致的结果是：学历的提升速度远远跟不上坑位①关闭的速度，这就是教育竞争带来的结果。

如果你要问我为延缓就业压力，或者为了找到更好的工作，普通研究生有必要读吗？那我会告诉你能找到还可以的工作还是早点工作，进入社会实践才是你最该做的。很多人读研不过是为了逃避就业的压力，读研虽然把自己的就业压力延后了一些时间，但一起读书的研究生也会在未来同一时间毕业涌向市场，那时候可能更难找到理想的工作。或者错误地以为学历更好看点就能找到更好的工作，实际上对于多数人而言，读研几年给自己带来的增值，远远不如在社会上打拼给自己带来的增值。

当然有的人读研是为了从事科研，但是从事科研的人需要较高的天赋，基本上有没有天赋25岁就能看出来，才华这东西挡不住。30岁的时候还在考学历的，根本吃不了科研这碗饭。

不管你是花钱接受培训、留学，还是花钱考研读博，首先要想想你的目的是什么，选择了以后对你会有多大帮助。你花了大量的时间、精力，是离自己的目的越来越近了，还是越来越远了。如果你读的本科是就业前景不好的专业，不要以为你考上该专业的硕士、博士就业会更容易，结果仍然是很难有什么改观。

即使你读研或者读博就业了以后，也没办法一劳永逸，后面

---

① 坑位：这里是指工作机会。

还有中年危机等着你，35岁向来是个坎。很多社招岗位年纪卡在35岁，比如交通大学的保安队长那个招聘就是这样。现在多数招聘启事上，都是明确要求工作人员的年龄在35岁以下。

多数公司更常见的手段是会用各种花样裁掉那些35到40岁的工资较高的中层，再用升职不加薪的方法，把年轻人提拔上来。最低的职位空出来招聘应届毕业生，既填补了岗位空缺，又调动了大家的工作热情，还降低了成本。这批被裁掉的中年人就会很被动，除非他们有卓越的技能，不然很难再找到理想的工作。

现在的年轻人最好是毕业以后就马上工作，早点积累行业经验、资源和人脉，让自己拥有即使离开平台也能有赚钱的能力。

到底要不要学金融

先了解两个概念：赢家通吃和马太效应。

赢家通吃在英文里有个专属的名词，叫作Winner-Take-All，说的是市场竞争的最后胜利者获得所有的或者绝大部分市场份额，失败者被淘汰出市场，无法生存。

马太效应说的是强者愈强、弱者愈弱的现象，反映的是社会两极分化的现象。

自媒体行业是马太效应和赢家通吃效应凸显得特别强的行业，我开始写微信公众号以后感受非常深。自媒体行业90%以上的人都很难挣到钱，尤其是你如果从零开始的话，刚开始的那段时间看不到希望，日子特别难熬。

从事自媒体行业，只要你越过某条临界线，雪球就开始越来越大，越滚越大。我写微信公众号的过程中深刻地感受到了这一点。最开始有的人觉得我写得还不错，讲的东西挺有道理，就把我写的东西推荐给身边的好朋友。如果他的好朋友也认可，同样也会把文章转发传播出去，最后聚集的读者也就越来越多。等到微信公众号的阅读量上来了，也就能时不时接个广告赚点钱了。

上面说的是过去内容平台的规则，现在新平台的规则是：平台通过算法不断放慢和压制滚雪球的过程。尽量让大多数雪都留在地上，不让你全部把雪滚走，所以很多人感觉做内容也越来越难了。

现在在成熟平台想红难度这么大，为什么还是经常听到新平台上会有各种奇迹出现呢？原因是每个平台新开的时候都需要树立榜样，平台也会花大力气砸钱砸流量树立榜样，只有树立榜样成功，平台才能吸引更多的内容制作者。这两年崛起的不管是抖音、快手还是淘宝直播，都花大力气扶植了几个头部网红出来，而且这些网红也赚到了很多钱。没赚钱效应，年轻人和有梦想的人怎么会愿意前赴后继地投入自己的时间和精力？

树立榜样以后，人们就会看到希望，这种希望能吸引大量普通从业者进入平台制造内容，从而扩充平台的实力。这点很像演艺圈，都知道明星行业九死一生，但是每年多少俊男靓女前赴后继地冲进去。这种制度保证了演艺圈源源不断的供给，确保了顶级艺人资源永远不会缺失。

金融圈非常类似演艺圈，也是马太效应很强的一个行业。强到什么程度呢，基本是行业里1%的人拿走了行业里90%的钱。剩下的那10%的部分，才能轮到其他辛苦劳作的90%的基层工作者来分配。这有点像最近特别火的直播行业，李佳琦、薇娅这种头部主播一晚上赚辆法拉利，普通的主播只能喝口汤，那种流量少的主播，月收入2000的也大有人在。

第二章 学习是你最好的加速器

在金融行业，如果无法成为头部玩家，只能赚一份工资和奖金，这钱能赚多少很大程度和经济周期有关。也就是，如果今年年景好，你的奖金工资就高，年景不好你就得熬着，用大白话说就是靠天吃饭。所以首先摒弃搞金融一定能赚钱这个观念，因为这是非常荒谬的想法。

总的来说，大多数搞金融的并不像大家以为的那样，只靠数学和交易挣钱。电视里那种靠数学和交易发了大财的人非常少，这么拍只是剧情需要罢了。绝大多数在金融领域能赚大钱的，依赖的是自己的积累或背后家庭的资源和关系网。也有一部分金融圈的明星人物是靠自己的笔杆子或者嘴皮子致富，他们把自己当成一个IP来经营。

金融从业者里面最多的，除了每天处理各种杂事的前后台，就是专门开发客户卖产品的那些人，这才是大多数人在金融行业做的事。金融岗位里的前后台工作，做过的人都知道枯燥又重复，每天的日子让人觉得极其痛苦。卖产品这帮人的主要工作是说服有钱人去买一些金融产品，然后自己从里面拿佣金。销售人员拉来钱以后交给基金经理投资，基本上除了少数优秀的基金经理，大多数基金经理的业绩是靠运气。也就是说，大多数基金经理业绩好不好主要看市场整体状况，市场好的时候他们的业绩就不错，市场不好的时候他们也要面临亏损。

在金融行业，客户自负盈亏，金融销售人员拿管理费旱涝保收。只要你有足够的客户和资源，每年你的收入就非常可观。别看就这点简单的活儿，大公司对金融销售人员的基本要求也极

067

高，而且这两年有竞争越发激烈的趋势。家里没资源的话，公司的基本要求是国内排名前十的院校或者国外的常青藤名校。

券商总部或者收入高点的部门前两年要求低一点，基本也是非A类学校不要。毕竟金融业是离钱最近的地方，大家都觉得做这个能发财，打破头拼命往里挤，虽然这个行业的大多数基层螺丝钉岗位依然处于工作强度大、赚钱少的窘境。

金融行业还有个流行的圈子文化，虽然我不知道为什么这样的文化在金融行业体现得特别明显。很多学校的学长们不太爱带外面的人一起做事，主要考虑提携自己学校的学弟学妹，老带新文化特别浓郁，比如上海财经大学基本就垄断了国内很多企业的CFO。当然并不是你考进这个学校，拿到了入场门票，就会有人来提携你，主要还得你自己会积累、会做人。

考进某些特定学校只是拿到入场门票，怎么能积累到资源，让厉害的师兄师姐提携你，就要看自己的本事了。

要是一个人毕业后十年八年还拿自己曾经获得的那张文凭说事，基本属于混得不太行的。毕竟大多数业内厉害的人赚钱靠的从来不是书本上的那些知识，而是自己积累的资源和关系网。

掌握和积累资源是这个行业的核心竞争力，毕竟积累资源比拿到门票难度大得多，这才是金融行业赚钱的终极奥秘。

第三章

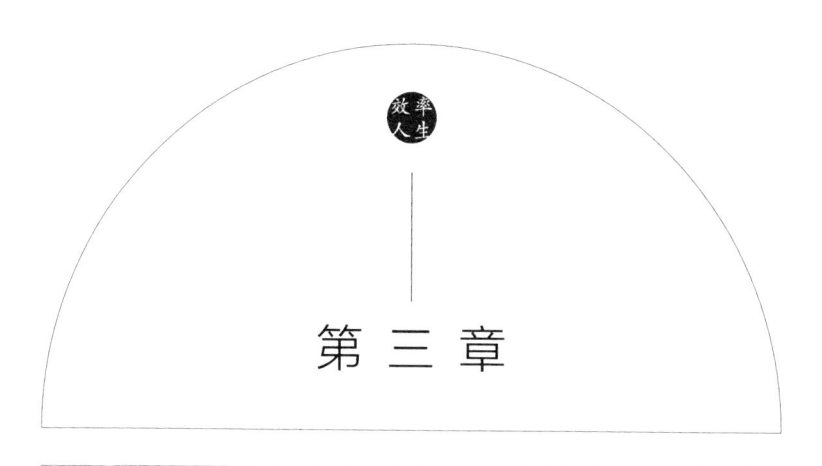

抓住趋势的风口

看懂趋势，把握未来
获得元能力和把握趋势的人到底有多厉害
从来没有一成不变的好工作
洞悉时代，掌握主动的人生
跟随趋势，才能让自己更优秀

看懂趋势，把握未来

记得以前参加一次活动，招待几位有分量的人吃饭，饭局上大家轮流发言分享成功经验，饭局气氛十分热烈。到了饭局快结束的时候，最重磅的嘉宾分享了一个很多人都听说过的故事："从前电梯里坐了三个人，一个人不停地原地跑，一个人不停地做俯卧撑，还有一个不停地用头撞墙。电梯到了顶楼，主人问他们怎么上来的，一个说我跑上来的，一个说我做俯卧撑上来的，一个说我拿头撞墙上来的。"

当然，我们都知道电梯就是指中国经济的起飞，而三个上楼的人就是天天介绍自己成功经验的大佬。

一

《流浪地球》非常火，票房已经接近40亿。吴京也因为总票房突破100亿创造了历史。其中贡献最大的是《战狼2》和《流浪地球》，两部就接近100亿。

吴京固然是一个有魄力有情怀的演员，从抵押别墅卖车卖房拍《战狼2》,到《流浪地球》客串进组,最后因为剧组没钱,投了6000万帮助电影拍完都体现了这一点。吴京能成功,除了他精湛的表演和电影的精良制作外,还赶上了中国崛起的大趋势。

现在我们都知道这样一个说法,一个人的成功,固然要考虑个人的奋斗,更重要的是历史进程。吴京恰好踩到了中国这个综合国力的爆发点,民族自信和文化输出的大趋势大历史进程上。

我们的发展带来了自信,是《战狼2》《红海行动》和《流浪地球》都特别卖座最重要的原因。对一个大国来说,这个节点必定会有一个中国版超级英雄跃然纸上,人们对此也是喜闻乐见。

或许吴京只是那个吃到了国家民族自信崛起阶段红利的过渡型英雄人物,即使没有他,也会有其他人出现,毕竟这只是趋势的开始。

在经济发展、民族自信和文化发展的滚滚红利下,伴随着中国崛起的历史趋势,未来必将有更多大红大紫的中国漫威型英雄出现在银幕上。就像当年漫威英雄被创造一样,我们只是恰好到了这个阶段。

在滚滚趋势红利下,吴京、沈腾一部片子的票房就比20年前全国的总票房还要多,如果大趋势在走下坡路,你个人再优秀也不可能赚到这么多钱。

新时代最大的趋势和最强的声音已经崭露头角,吴京就是新趋势浪头上最闪亮的弄潮儿。

现在处在工业时代,真正能润物细无声的是先进的科技和文化。

如果说《红高粱》是对过去农耕文明的回望，那么《流浪地球》《战狼》《红海行动》则是展望未来，代表了工业时代对中华文明走向的主动探索，这是大国崛起过程中的文化自信，是物质水平有了提高以后向精神领域厚积薄发的自然延伸。

二

天赋赶不上大时代和大趋势。当趋势起来的时候，赚钱的难度并不像你想的那么大。在新兴领域趋势的起点，并不需要太多的努力，只要有一定的积累，就能比较轻松地击败旧体系里的王者，这就是大趋势的力量。

最近十年有个典型的例子是新媒体和纸媒的转换，投资人吴悦风先生以前做过一个统计。利润快速坍塌带来的结果是致命的，大量纸媒倒闭，曾经辉煌的纸媒帝国一夜之间就崩塌了。与此同时，新媒体的收入在快速增长，增幅达到了50%的年化收益率。

在纸媒朝新媒体转型的过程中，徐沪生创办了一条，方夷敏创办了黎贝卡的异想世界，他们实现了财富自由，成为新媒体行业的佼佼者。

苏宁、国美也是曾经的王者，可互联网趋势在转折点一旦形成，京东和阿里巴巴轻易就打败了他们。并不是苏宁、国美不努力，而是时代和趋势变了，它们再努力，也难以恢复往日的荣光。

第三章 抓住趋势的风口

我和A哥非常熟悉,他大学毕业后在上海工作,负责永乐电器的手机采销工作。那时候,永乐电器是上海滩电器零售业的霸主,一年十多亿的采购额,让他的工作十分轻松。

一号店创立的时候找到了他,不知他是运气好还是感受到了趋势的转变,他毅然离开永乐,加入了当时只有十来个员工的一号店。当时他的下属特别不解,为什么永乐电器如日中天,A哥却选择去了一号店工作。

等三年以后永乐电器衰落,他原来的下属想跳槽的时候,互联网公司已然不再需要线下的人才了。后来,一号店以92亿的价格被沃尔玛收购,他入职时候给的股权变成了几千万。他拿到钱以后又跳槽到天猫电器城,四年行权①卖掉股票以后,他现在又去了小红书。A哥之前所在的永乐电器公司也被国美"吃掉"了,看不到踪影。A哥以前在永乐电器的很多同事都失业了。

A哥的成功,仅仅是因为他的能力强吗?A哥的能力固然是不错的,但A哥的前永乐同事和他的能力差不多的并不少。他们根本的差异在哪里?不过是A哥踏对了趋势的节奏——他从传统行业跨入上升期的互联网行业,赶上了一拨又一拨红利。

过去也有类似互联网的趋势到来的时候,但很多人看不懂趋势,抓不住机会,因此无法改变命运。

20世纪80年代,很多万元户家庭觉得自己能靠这点钱过一辈

---

① 行权:是指权证持有人要求发行人按照约定时间、价格和方式履行权证约定的义务。

子。在美元脱钩黄金以后，全球趋势转向大印钞的背景下，没几年，这些万元户就因为货币的购买力稀释变成了普通人。

20世纪90年代，很多人以为进国企就能一辈子衣食无忧，毕竟父母都是这么过来的。没过几年，很多人下岗了。

2000年的时候，很多市郊农民拼命把户口往城里迁，想换个城里人身份。随着趋势转向城市大开发，市郊的农地都变成了黄金地段，一批又一批郊区农民因为拆迁暴富，村里年年分钱。

很多曾经在我们生命里觉得重要，并且永远看起来不会变的东西，都随着趋势和大方向的变化，一点点地远去。其实人生最大的不变就是变化，最大的变化就是趋势的转向。

新趋势来临的时候，没有看懂趋势，没有抓住趋势，是一件非常可怕的事情。在"新趋势"下努力的人和在"旧趋势"下努力的人，就像在两个不同的维度里竞争。这样的竞争，就会对"旧趋势"下的努力人形成降维打击，这种打击是碾轧性的，压根儿就不是纯粹的提高能力或者努力就能赶上的。

在趋势转向的时候，你进入新趋势下的行业或者产业，选的时间点要恰到好处才行。如果太早看到并进入，你会成为"先烈"；太晚看到后才进入，又会错失太多的机会。很多"聪明人"都提早看到了趋势，没赚到钱却成了先烈。在需要出现中国式英雄这个趋势转向点到来之前，因为找不到投资人，吴京拍《战狼2》还要押房押车。所以说时间点的选择很重要。

另一个是，趋势转向的轨迹通常有"从异端邪说到真理，再从真理到平常事"的演化过程。等趋势转向被所有人看到的时候，你再看到就没有意义了，因为这个时候意味着新趋势就要成为旧趋势。这时，你已经没有机会变成一个行业的布道者或者领军人物了。

不管做什么事情，在转向点选对大趋势对产生爆发性增长都是很重要的。

赚大钱和赚小钱是同样辛苦的一件事，在路边卖鸡蛋饼赚钱不一定比你创业搞个公司融资轻松，同样是辛苦，最后达成的结果是完全不同的。在趋势转向到来的时候，只要做得稍微好点，就会有爆发性增长。

很多走向平庸的行业，你做得再辛苦，也就得个苦力钱，赚一个社会平均回报率。

2000年一批70后学生离开中国去欧美名校读书的时候，出国读书工作定居是当时公认的最好选择，能在那边留下的，都是最优秀的学生。中国当时的发展方兴未艾，刚刚到了快速城市化的转向点。

十几年以后，留在国内大城市的同学结婚生子，然后买房换房，都有了两三套房子，动辄一两千万。那些国外待着的同学就比较普通了，很多人回国连一套房都买不起。

是因为国内的学生更优秀吗？并不是，他们只是赶上了中国快速发展的大趋势，并不怎么费力就获得了比优秀同学更出色的成绩。

特别多的人其实一直都没弄明白自己是怎么赚钱的，总是归功于自己的能力，其实都是在大趋势的转向点踏准了节奏，享受了新趋势的红利。

中国有两句话说得很好：一个是"小财靠努力，大财靠命运"，另一个是"时来天地皆同力，运去英雄不自由"。现在的社会，靠努力过上不错的生活是没啥问题的。你要想发大财赚大钱，踩准每个趋势浪潮，其实并不存在什么逻辑必然，那是需要运气相助的。

三

赚钱和成功都需要抓住新趋势，这世上有两种人能跟上趋势的转向，一种是天生具备敏锐嗅觉，对市场有足够的理解的人，他们天生就是多头[①]，爱折腾，积极乐观的人。另外一种就是运气好，懵懵懂懂被时代洪流裹挟的人。这点我自己感受尤其深。

以前我们这些读书不错的学生毕业后的第一选择都是外企，出差出入星级酒店，收入高工作体面。民企那时还不被人们重视。直到2008年以前，到阿里巴巴、百度这种大厂去工作还不是毕业生的首选。

很多学校并不好、专业也不太好的毕业生当时去阿里巴巴谋一份工作并不难，懵懵懂懂就进了这些公司。后面的十年大家都看到了，互联网大公司飞速发展，很多早期员工拿了股票，已经实现了财务自由。

[①] 多头：是指投资者对股市看好，预计股价将会看涨，于是趁低价时买进股票，待股票上涨至某一价位时再卖出，以获取差额收益。这里表示总是对未来看好的人。

现在人们说到的高薪工作言必称互联网，反倒是去外企的这批人都面临中年职业危机了。

互联网行业的迅速发展会一直持续下去吗？不一定，多数行业不都是每隔一些年就来次大转向吗？现在，各大互联网公司不也都开始裁员了吗？

风口趋势上，猪都能飞起来；风停了，多数人都得趴着。最近不过是热钱没了，趋势转了，红利没有了而已。

最后讲个段子结束这篇文章吧。

2015年有一次交流活动，招待几个大佬嘉宾吃饭。大家轮流发言讲股市上是怎么成功和发财的。一个说我价值投资收获时间的玫瑰，一个说我看K线技术分析，一个说我纯粹甩飞镖随机选股。最后讲话的大佬说，我在股市赚钱是因为牛市主升浪来了。

前三个讲话的就是你天天在各种杂志自媒体上分享成功经验的大佬。

相信我，很快你又要看到前面三个大佬到处讲成功经验了。

获得元能力和把握趋势的人到底有多厉害

狄更斯曾经写过一句话:"这是最好的时代,也是最坏的时代。"这句话用在过去没错,用在现在也毫无问题。当下的社会,一方面竞争非常激烈,我们经常觉得对未来一片迷茫;一方面我们又不断地看到新机会冒出来,很多人隐约觉得未来会更好,但是自己觉得新机会和自己关系不大。

现在很多人应该听说过这句被广泛认可的话:"一个人的命运,固然要靠个人奋斗,但也要考虑历史的进程。"

理解我们所处的时代背景和历史环境,对打破自己迷茫的处境、找到未来的出路非常重要。

一

社会上一直有个流传甚广的观点,就是只要你肯努力深耕一个领域,最终你会成为这个领域的专家,获得核心竞争力。之后不但岗位稳定,工资溢价,还能避免公司中年裁员,平稳渡过中年危机。甚至有人把这套深耕理论做了总结,写成一本叫《异类》的畅销书。在书里，作者是这么说的："人们眼中的天才之所以卓越非凡，并非天资超人一等，而是付出了持续不断的努力。一万小时的锤炼是任何人从平凡变成世界级大师的必要条件。"

《异类》的作者把这个东西叫作"一万小时定律"。

读完这本书，给我印象最深的并不是"一万小时定律"，而是时代给普通人带来的巨大影响。前面有个段子说，三个人坐电梯从一楼到十楼。一个人原地跑步，一个在做俯卧撑，一个用头撞墙。他们到了十楼，有人分别采访他们是靠什么到十楼的。第一个人说我是跑上来的，第二个人说我是做俯卧撑上来的，第三个人说我是用头撞墙上来的。他们都忽略了电梯的作用。

"跑步""俯卧撑"和"撞墙"这种自身努力固然很重要，但最重要的因素并不是这些，而是他们都坐在"电梯"里！《异类》的作者也发现，美国近代第一批富豪基本都出生在19世纪30年代，因为60年代美国经济开始发生大变革。

如果一个美国人出生在19世纪30年代，当他20多岁的年纪时正好赶上美国的变革，只要他能把握时代的红利，成功的可能就会很大。如果他出生在40年代之后，那么他很有可能就错过了机会，因为变革来的时候他还太年轻。

如果一个美国人出生在19世纪20年代之前，那么他错过机会的可能性也很大，因为变革来的时候他太老了，思维容易僵化。

美国两代人的命运差异体现更明显的在大萧条前后，美国在大萧条前后有两波婴儿潮，大萧条时期是婴儿出生低谷。

如果你出生在1910年开始的婴儿潮期间,大学毕业20多岁正好赶上20世纪30年代大萧条,多数人毕业后基本就意味着失业,日子想都不用想,肯定过得很惨。

等好不容易熬过去那段萧条的日子,到了30多岁又赶上美国加入"二战"。他在上有老下有小的年纪被迫应征入伍,家庭和事业的发展从此被迫中断。

如果一个美国人在1930年之后的大萧条期间,美国婴儿出生的低谷期出生,那他就幸运很多。1910年大萧条之前那波婴儿潮,带来了医院和学校的扩容建设。1930年之后那批孩子出生的时候,正好享受到这些东西。他们出生在崭新的医院,看病不用排队。因为孩子数量减少太多,各类学校都招不满,所以上学也很容易。等他们大学毕业恰好赶上"二战"结束,到处在搞建设,各种优质工作岗位求贤若渴。"二战"又失去了部分人口,所以后面他们需要养活的20世纪初婴儿潮的那批老人没那么多。等他们年纪大了,又赶上20世纪50年代婴儿潮出生的那批人口可以支撑他们养老。你看,即使普通人没有出生在一个好家庭,但是出生在了这样一个好时代的话,日子也还过得去。美国20世纪50年代婴儿潮出生的人运气也不差,他们赶上了美国1975年的计算机革命带来的高速增长的红利。

美国从1975年开启了计算机时代,那时候有能力把握住时代机遇的群体,也是20来岁的年轻人。所以计算机时代最好的出生年份是1954年左右。如果你年纪太大,显然不会放弃当时的高薪工作去搞什么计算机;如果年纪太轻,又没有能力去把握。微软的比尔·盖茨出生于1955年，保罗·艾伦是1953年；苹果的乔布斯出生于1955年；谷歌的埃里克·施密特也是出生于1955年。当然，并不是计算机时代的每一位领军人物都出生在这个年代，只是这个年代成功的概率特别大。

二

只是因为出生在一个好的时代，人们的命运就要比其他年代出生的人好很多的现象，不仅在美国存在，在中国也存在。和美国1930年和1950年的两次婴儿潮恰好对应的，是我们1965年和1988年的两次婴儿潮。

我国20世纪70年代初第一波婴儿潮出生的人到20世纪90年代正好20多岁，恰好赶上了改革开放之后带来的巨大增量。那时候西方市场对我们打开大门，国内又处于供给不足的状态，随便做点啥都是遍地黄金，一批人就此发家致富。这个年代出生的人总喜欢说以前生意好做，其实就是时代的原因。和美国20世纪50年代那批人赶上计算机革命类似，80年代末第二波婴儿潮出生的人也赶上了2008年左右的互联网革命。

我国和美国的差异在于20世纪50年代出生的比尔·盖茨们在20世纪70年代美国计算机革命时面对的是一片净土。我国20世纪80年代末出生的人虽然同样面对的是互联网的兴起，但引领这批浪潮的依然是70年代第一波婴儿潮的那批人。马云、李彦宏是20世纪60年代出生的，丁磊、刘强东是70年代前期出生的。当然，后期崛起的还有70年代末80年代初出生的人创立的美团系、头条系和拼多多这类公司。到了20世纪80年代末90年代初婴儿潮的一代长大，互联网已经逐渐变成了一个高薪的传统行业。大家的梦想也从最初的希望创立BAT这样的公司，到创立公司被BAT这样的公司收购，再到现在能去BAT这样的公司上班。

不少人应该记得过去我们讨论人口红利说的是农民工红利，现在讨论的却是工程师红利。当初农民工红利说的是20世纪70年代初婴儿潮这批没考上学的农民进城打工。这批人吃苦耐劳，任劳任怨，造就了我们世界工厂的地位。现在所谓的工程师红利是20世纪80年代末婴儿潮出生的这批受过教育，进入互联网公司打工的人。这种红利不是求职者的红利，而是行业的红利，本质上是劳动者在输送红利。从1999年起，我们的高校开始扩招。现在这些扩招的大学生早就进入职场，后续的供给更是源源不断。最近几年不光是本科扩招速度加快，研究生招生规模也在不断加大。未来还会有源源不断的大学生、研究生加速进入职场。为什么说加速呢？2020年研究生又大规模扩招了。在这个工程师红利时代，我们注定要面对的是高等教育人口过剩的问题。人力充沛的问题在于，个体很难获得理想的薪酬待遇，因为职位的可替代性太强了。后面经济增速放缓，就业岗位还在减少，但是受过教育的劳动力人数在不断上升，这些新人根本没什么选择。你要是不愿意干就难以保住职位，因为可以替代你的人实在太多了，就像十多年前的农民工一样。高学历的人在未来很长时间里必须面对这种状况，我们就是处在这样的一个时代背景下。

三

普通人所有的学习其实都是为了有更多的选择，前提是你一定要选对大方向，不然所花费的时间基本上就白费了。在不同的时代背景下，选择努力的方向远比努力本身重要很多。

以前经常有人搬出"一万小时定律"告诉我，只要你深耕一个领域，沉浸足够多的时间成为专家，就能过上有发展且稳定的职场生活。现在大多数毕业就进入大公司，到中年被公司裁掉的人基本都是被这个观念误导了。如果一个人进大公司后，仅仅专注于深耕细分专业技能，最终只会使自己的路越走越窄——你只是被安排到流水线上做一颗闪闪发光的螺丝钉，到一定阶段就会被废弃。过去，我还没有从大公司离职的时候，专门去学过这套流水线理论。整套东西就是告诉你，怎样把公司工作分步拆解以后流程化，流程化以后再层层细分，每个人只深耕一小块，因为这样带来的好处非常多。

首先，把工作细分以后，每个人只懂自己的一小块。大家都会变成公司流水线上的螺丝钉，可替代性很强。其次，多数工作层层细分以后，员工上手速度很快，培训两个月就能上手干活。最后，工作内容越是细分化、单一化，员工能跳槽的地方就越少，离开平台就越不好找工作。在这套机制下，公司可以毫不费力地换人。拥有这种流水线细分技能的人不过是公司流水线上的一个"零件"。在这种公司，很多简单岗位的工作，多数人培训两个月就能胜任，极少数复杂岗位的工作，可能需要一两年的历练。无论你学习什么技能，其实最终都没用，因为你能学会的东西，其他多数人都能轻易学会。只要公司薪水不错，地理位置也不错，人才市场里从来不会缺性价比比你高的人。

对于迭代太快的领域来说，专注深耕技术更是个陷阱，最后只会绑着你一起沉没。游戏玩家都知道，韩国当年有众多竞技选手在《星际争霸Ⅰ》上面深耕，每天花大量时间研究参数，寻找新打法。没过两年，等《星际争霸Ⅱ》出来，大量职业选手发现他们根本没办法适应《星际争霸Ⅱ》的打法。那批老玩家的年纪又过了精力最好、学习能力最强的阶段，面对开始就接触《星际争霸Ⅱ》的年轻玩家时，很难与之竞争，后面只能选择退役。很多技术类工作的变化和电子游戏一样，它们并不是稳定的领域，更新迭代速度极快。

互联网领域更是迭代极快的领域，手机操作系统就是其中的典型。假如过去十年你一直在"塞班"技术上深耕，突然大家都开始用安卓了，你就会栽大跟头。虽然你过去拥有丰富的开发经验，能让你在短时间内上手学会安卓开发，但你面临的残酷现实是，市场上有一群比你年轻十岁、精力更旺盛、能力和你差不多、马上就能干活的安卓开发人员。你过去的不断深耕没给你带来优势，还把自己变成了这门注定要被替代的技术的陪葬品。

以前有种论调，好好提升自己的技术就能让自己不可替代。但是在这个技术急剧变化的时代，大部分人不但没办法成为不可替代的专家，而且可以取代他的人随时随地都能找到。要知道，不可替代的前提是没有人可以轻易学会你掌握的技术和知识，在人才济济的今天，这种想法显然不可能。很多公司之所以搞分工

第三章 抓住趋势的风口

合作流程化,既提高了效率,也让每个人变成流水线上可以被替换的人。还有一种论调说是提升自己的核心竞争力,事实上不仅你在小公司学不到核心竞争力,在大公司也不会让你不可或缺。

当然不是说懂技术不重要,但修炼技术从来不是最本质的东西。单纯修炼技术你只能做个工具人,工具损耗到一定程度,就要考虑换新的。毕竟现在社会上每年有百万级的年轻人要工作,他们的性价比显然更高。当你大龄的时候,哪怕精通"搬砖"的九种姿势,面对年轻人性价比高的优势也无济于事。

我们按照大城市高薪公司的晋升节奏算算时间,就很容易明白仅仅精通技术是远远不够的。大多数人在23岁进入职场,从公司基层做起,28岁成为公司中层骨干或者团队负责人。基本上到了35岁性价比就不高了,多数公司会考虑把你清理出局,给28岁的精英们腾地方。这无关你的学历、职称、年薪,只关乎年龄和性价比。要知道,你拥有的一切都是公司这个平台赋予你的,只要你的能力和技术需要依附公司平台,就无法实现脱离公司平台后有实现个体盈利能力的可能性。随着年龄的增加,面对更年轻的人高性价比的优势,你的一切经验和深耕都变得毫无意义。本质上你只是公司流水线上运转的工具,一旦离开平台,就很难找到生存之道。离开平台你会发现,个体能赚钱才是硬道理。人们说深耕技术就会有出路什么的,都是哄你的片儿汤话[1]。所以

---

[1] 片儿汤话:北方地区的一句方言,形容说了一大堆都是些没用的,没有说到点上,并且含有故意避开话题的意思,不着边际,说了跟没说差不多。

才会有很多老人一再劝孩子考个事业编，哪怕一辈子拿几千块工资，但胜在稳定。这也是很多普通人家的孩子在父母这代资源和认知高度匮乏下的唯一选择。

四

能在高薪的行业熬过35岁大关，在公司里混得如鱼得水的人又是什么样呢？这些人在行业能力和技术上有一定积累之后，都开始发展属于自己的元能力①。因为技术更新永不停止，元能力的底层逻辑这些年从来没有变过。元能力是一套解决问题的方法论，远比解决问题本身更重要，越优质的能力越具备通用性和普遍性。

元能力到底是个什么东西呢？元能力的含义比较广泛，我的认知中，这些元能力是至关重要的：产生内容的能力、与人沟通的能力、传播的能力、解决新问题的能力和分配利益的能力。不管是我们以前经常提到的演讲、写作和快速学习，还是在公司里的有效沟通和掌握运用职场的规则，都属于这个范畴。元能力的拓展性和迁移性强，而且不用重新学习。

不管你从事什么工作、什么行业，元能力都可以发挥作用。元能力是一种通用能力，无论你换工作还是创业，元能力都不会浪费，而是时刻需要并且能够成就你的能力。

一个人在职场越往上走，对其专业技能的要求反而越低，对

---

① 元能力：即获取和运用能力的能力，是专门能力的基础。

元能力的要求越高，在大公司工作的人应该体会得更深刻。在大公司只会埋头勤勤恳恳做事从来不是核心竞争力，会做PPT的同时，会表达、会展示自己才是核心竞争力之一。

如果你想创业，专业技术能力不过是基础而已，发展得好不好主要靠元能力。比如怎么找到上下游、怎么打开突破口、怎么找到和说服关键人、怎么领导团队、怎么分配利益等等，都是元能力。你的元能力能帮你解决这些问题，你的学历和技术在这个时候很难发挥根本性作用。

如何获得这种元能力？你没办法在任何职场课程中学会，只能靠日常工作历练和观察，并且在踩坑、试错中获得。不少技术厉害的人就是败在这个东西上——虽然他们技术过硬，但是他们元能力不行，所以没办法升职往上走。

对普通人来说，有一定技术基础之后，在这些社会运行万年不变的底层逻辑上花时间深耕，提升自己的元能力，远比仅仅钻研技术有价值。另外就是，在职的时候就要利用手头资源或者兴趣爱好，尝试培养点低成本高杠杆的副业创收，这对避免一个人遭遇中年职业危机也是非常关键的。我们必须强调，这套法则只适用于普通人。如果你是天才，技术厉害到无可替代，前面的话可以不听。

五

其实元能力的培养在家庭教育上也同样适用，因为元能力是影响孩子一生的东西。

教育孩子完全没必要在什么陪作业、陪看书上面费时费心太多，提高自身的占坑能力[①]和眼界更关键。这是因为：以前物质匮乏的时代，父母需要解决的难题是让孩子吃饱，现在不仅需要在物质上给予孩子支持，也需要在精神上给孩子支持，才能让孩子成年以后在这个竞争激烈的年代更好地立足——家长要对社会状况有深刻的认知，也要对社会未来的趋势有基本的判断，才能让孩子身心健康地成长，了解人性，正确处理爱与性，找到合适的对象；让孩子了解自己，并且找到自己热爱的东西；教给孩子如何选专业，选取未来有前途的行业；教给孩子如何思考，如何在关键时刻做出正确的决策；教给孩子了解各个社会阶层的状况，了解并避免人生中的一些陷阱……让孩子学会这些，远比学舞蹈、唱歌更重要。

很多中等收入阶层家长太过重视表面的东西，总喜欢随大流去跟风。和很多家长聊天，他们总是错误地把出国、补课、陪读和学区房当成孩子成功的关键因素，却忽略了培养孩子要从整个人生周期去考虑，结果用了很多时间和精力去培养孩子学习那些无用的技能。这也是孩子成年后进入社会差距越来越大的原因，父母的眼界和判断现在变得越来越重要。一眼就看清生活真相的人，和花了半辈子才看清生活真相的人，命运注定不同。

[①] 占坑能力：占据优势地位和资源的能力。

从来没有一成不变的好工作

人们眼里的好工作是随着时代的推移而变化的。很多人一定记得，20世纪90年代发生过打碎铁饭碗，大量40后和50后的人被买断工龄。有人说，他们下岗以后就不能打工或者做生意吗？答案是可以，但是非常难：一是因为大量劳动力同时出现在市场，根本没那么多岗位；二是因为他们当时学会的全部技能就是为大工厂服务，一旦大工厂不要他们了，他们瞬间不知道怎么办了。在此之前，进国企拿铁饭碗是20世纪80到90年代最可靠的工作，也是人人羡慕的好工作。20世纪90年代末开始，曾经的铁饭碗一夜之间没有了。

时间进入2000年，随着中国加入WTO，外企变成了人们嘴里的好工作。钱多事少有面子是当时外企工作的真实写照。

我记得以前有个男性邻居，2002年就在北电网络拿上万工资，那时候北京的房价也不过每平方米三四千元。他在当时被视为人生的赢家。后面结果大家也知道了，随着华为、中兴崛起，北电倒闭，这个人最后被裁员，因为年纪太大没办法适应高强度的工作，自然也失业在家。幸好他在房子低价时买了好几套，享受了资产价格升值带来的红利，目前也算衣食无忧。

当时能成为移动、联通和各大银行的员工，也是很多人渴望的。这是当时优秀毕业生进不去好外企退而求其次的选择。现在还有人把移动、联通的工作当好工作吗？尤其是大学毕业去银行做柜员的，现在这批人的离职率应该是屡创新高。

当时最不被人待见的就是民营企业，现在人们都觉得华为、阿里巴巴是好公司，进去就意味着高薪。但在当时，很多好大学的毕业生根本没人愿意去阿里巴巴。

人都是回头看觉得过去处处是机会，其实身在其中的人根本没发觉很多东西都在变化。要是大家当时都觉得阿里巴巴是好公司，为什么当时阿里巴巴根本招不到人？

未来信息时代来了，大家面临的变化会更大。唯一不变的是，虽然技术进步了，但是人的基本需求并没有变化。多数人提高自己收入的渠道只能是服务业，利用信息时代的口碑传播效应结合自己的技术提高收入才是王道。我过去曾经不止一次和大家提起过有个做针灸的小伙伴，常年积累的名声加上口碑传播，让他的生意源源不断。现在已经开始准备雇人，筹划开第二个店了。以前讲过的做瑜伽的小W、做蛋糕的小C也是风声水起，生意一天比一天好。

将来多数人都会面临职业选择问题。有些是超过35岁，很多企业不愿意要了；有些是因为曾经的好工作，因为时代的发展变成待遇较差的工作。想保持生活水平不变，就要提早积累。

第三章 抓住趋势的风口

有段时间出差，见了一些以前认识的外企朋友。他们中年失业后除了给人做顾问，很多人都开了滴滴或者卖了保险，和以前的生活落差挺大，很多人心态也变差了，这是因为没有及早准备。

很多人觉得我为企业努力付出，到了中年却要被裁掉，想不通。你要知道，企业在激烈的竞争中为了保持竞争力，就必须让能给企业贡献更多的人上岗。

为什么员工到了中年，公司都不待见，尤其是互联网公司？因为到了一定年龄，体力跟不上，难以完成任务重的工作，有的人还成了老油条混日子。对很多互联网公司来说，削减35岁以上的员工，换成28岁左右的年轻人就成了最划算的事。企业和个人本来就是合作的关系，生意不合算了，企业自然就不干了。

一个人想让自己保持竞争力，避免35岁的职场危机，就要不断地提升自己的元能力，最好是在不影响工作的前提下，在职场积累自己的资源，根据自己的爱好发展一份副业，让自己具备脱离平台也能赚钱的能力。

洞悉时代，掌握主动的人生

信息社会，很多职业会被边缘化甚至淘汰，很多过去看似价值坚挺的资产都在贬值，比如我经常说的商铺。现在位置一般的商铺越来越难出租，即使租出去，租金也不太理想。之前不止一次有人留言问："我手里有点钱，又啥也不想干，能不能买商铺来做投资？老人说'一铺养三代'，买个商铺收租是不是就能一劳永逸了？"

很多人期望靠着固定的资产过上衣食无忧的生活，这种想法在过去还有一定的可能，在现在的社会已经没有希望了。除了家里资产特别雄厚的人，普通人想靠买点资产在那儿放着不置换就一劳永逸已经不可能了。如今需要你跟随时代的发展不断地置换，不然资产一定会在产业升级和技术进步的趋势下迅速贬值。

在过去，有些家庭依靠商铺收取资金，就能过上很舒服的生活。随着互联网对服务业的改造，很多商铺未来都会成为被人们淘汰的资产。以前互联网还没有发展起来的年代，一家普通的店铺也能收取可观的收入，很多人都打算买了商铺过一辈子幸福生活。随着互联网的迅速普及，商铺能够收取的租金越来越少，这种靠商铺过上轻松生活的愿望就难以实现了。

买商铺的习惯其实是老一辈人在工业时代留下的。那时候刚刚开始工业化和城市化，人口开始往城市集中，你买个商铺可能开始位置很一般，随着城市扩张，之前很多一般的位置都变成人流密集的繁华地带，商铺价值和租金都是水涨船高，租客也不愁，成为最划算的买卖。买商铺就能赚钱的观念在人群中口口相传，买商铺变成了最好的投资之一。

时间来到信息化逐步完成的今天，所有的逻辑都变了。一个重要原因是信息时代，人们的生活习惯被电商改造了。随着电商的兴起，线上对线下的冲击越来越大。要知道每个人用于消费的钱是一定的，这里多花一点，那边就少一点。商铺的租户总在感叹生意越来越难做，其实就是因为人们花在实体店的钱少了。最典型的是电脑大卖场，十年前电脑商铺的租金极其贵，以前深圳华强北一个柜台月租六十万元，还得靠介绍才能租到，现在却很难租出去。

北京中关村市场的倒闭，上海百脑汇清退，也就是最近几年发生的事。是什么原因造成的呢：

一、信息社会的业态升级，有了京东，谁还去电脑大卖场呢？

二、多数城市都已经完成了基本的版图扩张，城市的版图停止扩张，意味着一个城市的人口就不可能迅速增加。因此，你用低价买到一个人流量一般的商铺，想等城市扩张以后变成人流密集且高价值的商铺，已经很难了。大城市的人口数量会比较稳定，小城市的人口还是萎缩的，这对需要稳定流量和客源的商铺尤其不利。

三、从业态上来说，商铺是个落后于时代的产品。我们小时候的记忆里，应该都有老城区遍布铺子和老商场的一条商业街，这里曾经是全城最繁华的地方。逢年过节，四面八方的人都铺天盖地拥往这里。随着商业综合体吃喝玩乐的一站式解决方案风靡全国，连四、五线城市的人流都开始向商业综合体聚集。各大城市几乎每个区域中心交通便利的位置都建起了一个商业综合体。区域内的人流被综合体抢走，老的商业街人流没了，自然风光不再。很多老商场、老商圈、老商业街现在看起来不但破旧，而且很难招到好的品牌入驻。即使人流密集的商业综合体，因为电商不断争夺购买力，生意最好的永远也是吃饭和看电影的两层，卖东西的几层多数时候售货员比顾客还多。有个卖皮草起家的感叹，现在进驻很多商场是血亏，柜台一个月的销售额还赶不上之前一天的销售额。

有人说，既然商业综合体的商铺赚钱，那我不买商业街的店铺，换成买综合体的商铺，不行吗？举个例子吧，类似万象城这种顶级商业综合体，商铺是开发商自持的。而某品牌广场这样的综合体是内铺自持，外铺卖给人们以便收回成本。

综合体里面冬暖夏凉，你是消费者你选哪里？况且内外铺是竞争关系，开发商并不会给外铺倒流。更重要的现象是银行对商铺估值越来越低，这在很大程度上反映了商铺的投资价值越来越低。买过商铺的人应该知道,过去很多年里,商铺的价格比住宅高一截。现在很多商铺都和住宅差不多,甚至都没住宅高,转手税费也非常高,还不一定卖得出去。

以前是"一铺养三代",现在则成了"一铺坑三代"。商铺不好租出去,租出去价格也是极低,而且不好转手卖掉。买商铺的人倒是帮开发商回笼了资金,自己却掉进陷阱里。

落后的企业会被时代无情淘汰,而落后于时代的资产会迅速贬值。

有个流传很广的段子,一个人在20世纪90年代末因为偷盗坐牢十年,始终没交代他最后一票干了什么。熬了十多年,他在2010年出狱时,神神秘秘地带着小弟到藏宝的地方,说带小弟致富,然后挖出一堆BB机。

曾经价值不菲的东西,在时间巨轮的碾轧下变得一文不值。把时间跨度拉得足够大,你会发现财富是真正的猛兽,它只陪伴能驾驭它的人。这就是为什么拆迁和中彩票暴富的人中,不少人被收割。这就是为什么我总说,中等收入阶层最重要的是摸清实业、楼市或者股市投资的门道,哪怕只是摸清其中的一个门道,并把这种方法传授给孩子,远比孩子只会考试强得多。这也是我总强调每个人都要跟上信息社会,终身学习的原因。

跟随趋势，才能让自己更优秀

我以前开过工厂，后来把工厂卖掉了。我这两年出差的时候，会见到以前认识的小企业主和供应商。他们忧心忡忡，觉得什么都不好做。开饭馆的说很多街头店正在关闭，买写字楼的说办公室很难租出去，做小企业、小工厂的说成本越来越高，环保、员工的薪酬支付都有压力，他们总在怀念十多年前躺着能赚钱的黄金年代。他们认为经济出现问题了。他们并不知道，不是经济的问题，而是趋势变了，是信息社会来了，一场悄无声息的经济变革早已发生。就像汽车的出现淘汰马车一样，落后于时代的事物总要被淘汰掉。

信息时代使得人们的生产方式被重组，生活的方方面面都被重新改造。中国正在快速前行，成为全球第一个逐步进入信息社会的国家。标志之一是4G通信基站中国占了一半，5G铺开之后，未来全球四分之三的5G基站都会在中国。在这个过程中，企业生产和销售方式的变化也是空前的。每次进化和变革都很残酷，没有跟上趋势的人在社会里会被边缘化，有些资产会迅速贬值,有些跟不上趋势的企业会被淘汰。

一

阿里巴巴每年的"双十一"影响巨大,现在很少有人记得,阿里巴巴10年前第一次提出"双十一"的时候,整个策划团队还在为招商苦恼,因为没有品牌愿意参加。2009年第一届"双十一"的销售额是5000万元,只有27家品牌参与。促销方式简单。2010年第二届"双十一"全部销售额不过9.36亿元,当时大家都已经觉得是天文数字了。

后面的结果我们也看到了,不但每年的销售额一路突飞猛进,这个日子也成为一个现象级的电商狂欢日。

2018年的"双十一",天猫和淘宝全天卖出2135亿元,是2009年第一届销售额的4000多倍。

线下的实体店和一些品牌从看不懂、看不起、不参加"双十一"的促销活动,到现在想报名参与都要排队审核。参加阿里巴巴"双十一"的门槛越来越高,参加的大牌也越来越多。

随着阿里"双十一"迅速崛起,一大堆淘品牌也借着东风崛起。比如"三只松鼠"从2012年上线,到2016年销售额过50亿,也不过只用了4年,2019年"三只松鼠"上市。

而这一切的发生都是依靠3G和4G基站遍布全国、流量费用不断降低才能实现,这也意味着整个社会进入信息化时代。

随着电商的迅猛发展,近十年来越来越少的人去逛商场买东西,因为越来越多的人,在越来越多的时候会选择在淘宝、京东等购物网站买东西。大家的生活方式不知不觉地被改造了。

这也是为什么很多实体店觉得生意不好做。因为每个人收入一定，用来消费的钱是有限的。在家按按手机就购物了，自然用在实体店的钱就少了。

被电商降维打击的除了实体店经营者，还有商铺投资者。商铺曾经是最好的投资项目之一，坐地收钱，租金年年上涨。随着电商销售额的节节攀升，人们突然发觉，很多街铺租不出去了，变成不受欢迎的资产。"一铺养三代"变成了"三代养一铺"，虽然店铺不好出租，但商铺的贷款是要还的。

在菜市场卖菜曾经是个稳定的生意。可是有盒马生鲜等送货的小区，附近菜市场的生意就每况愈下。

并不是所有实体店生意不好做，渠道下沉到三、四、五线的海澜之家的利润依然屡创新高。虽然大城市的人觉得海澜之家的衣服不够时尚，但海澜之家是很多三、四、五线城市最潮的男装品牌。

你看，悄无声息的生产和销售方式的变革在不经意间就完成了。

二

信息社会带来的变化同样在农村显现。

以前农村人买东西，除了村口的小卖店，就是赶集或者去镇上。因为运输条件限制和信息不对称，乡村各种山寨货盛行。饿了吃"康帅博"方便面，渴了喝"雷碧"，闲了嗑"治治"牌瓜子，脏了用"蓝月壳"洗衣粉，洗头用"瓢柔"洗发水，闷了抽"中萃"香烟，并不是什么笑话。

农村地区信息闭塞，加上长期交通不便，高昂的运输成本让很多品牌商望而却步。村民也不是不想买真货，而是市场上除了山寨根本没有正品可选择。通常都是花正品的钱，买山寨的货。

随着道路和通信基础设施逐步完善，快递和网络开始深入乡村。越来越多的乡村有快递站的布点，村里的网速也越来越快。人们越来越喜欢在网上购买东西。随着农村不知不觉走进信息社会，很多地方的村民都能买到正品，假冒产品也就下岗了。

三

这次信息化变革中被改造的还有服务业。在网购平台上，外卖、订票、打车、订酒店、叫家政都可以一站式解决。美团这类生活服务平台在变革中快速崛起。

虽然在很多人的印象里，美团还只是个外卖平台，但它早就进化成中国最大的生活服务平台。当然，迭代之前它更早的名字叫团购网站。

2010年，王兴模仿了2008年金融危机后在美国蹿红的团购网站Groupon，团购这个业态开始在中国落地生根。

不过看到团购网站机会的不止王兴一个，焦点网的吴波创立了拉手。做过超市和短信营销的徐茂栋创立了窝窝团，铺天盖地的资本涌向团购这个赛道。

当时，这个赛道上并不像现在是美团和饿了么双雄争霸的格局。资本疯狂涌入，5000多家团购网站遍地开花，在资本的推动下，千团大战很快打响了。

我对这次千团大战的印象特别深，不但我表弟在当时的糯米团工作，身边也有个传统行业的大哥砸了大半身家入局。遗憾的是，这位大哥没打赢千团大战，800万美元进去，最后20万人民币出来，从开张到倒闭清算总共才一年多。

千团大战的存活率只有3.5%。后面的事情大家也知道了，胜出的美团和大众点评也在资本撮合下最终合并。

2012年，王兴判断：互联网对服务业的改造速度和翻天覆地的程度，会超过互联网对原来商品零售业的改造。摆在美团面前的，将是一个超过1000亿美元的市场。

事实证明，王兴的判断是对的，美团开始在生活服务这个大赛道上不断狂奔。从餐厅、本地交易到电影票、外卖、景点门票、火车票、供应链、生鲜超市、网约车再到共享单车，都在围绕生活服务这个目标做文章。

以"吃"为基础，朝着"吃喝玩乐，尽在美团"的一站式生活服务品牌大步迈进已经成为美团的目标。

美团和饿了么对大家生活服务带来的改造是巨大的。近五年来，宅男宅女们越来越少在餐馆吃饭，点餐越来越多。从定外卖到买门票、订酒店，美团和饿了么逐渐成为人们的首选。后续开通的各种预订上门按摩、上门护理、上门家政也让人们的生活变得越来越便利，可以足不出户就享受各种服务。

新业态不断地涌现，除了美团，滴滴这类网约车平台无疑是一股清流。在下雨以及寒冷的冬天，你可以把网约车叫到楼下，免去了在马路边拦出租车挨淋受冻的痛苦。

以前在小区几乎成为摆设的信报箱也被快递柜替代，变身为生活服务领域的一个参与者。当快递柜刚刚出现的时候，人们都是将信将疑，这玩意儿会有人用？现在丰巢、菜鸟和速易递的快递柜已经到处都是，人们已经习惯了去快递柜取件。

这一切都是在最近几年信息社会发达的移动互联网环境下完成的，而且变革就在不经意间完成了。

四

在这次信息化浪潮带来的生产生活方式改造里，娱乐方式也是变化最大的领域之一。直播、短视频和小游戏就是其中最突出的。这里面，城市人最熟悉的应该是抖音和直播。抖音通过数据计算，不断向你推送感兴趣的内容。

信息化对三、四、五线城市乃至乡村娱乐活动的改造更是翻天覆地。以前这些地方娱乐匮乏，除了看电视、打牌，基本没有其他活动。随着通信基站越来越多，流量越来越便宜，短视频和直播也走进了三、四、五线和乡村。人们把大量闲暇时间花在这些软件上，给之前枯燥的生活抹上了亮色。

以前一直不知道为什么在三、四、五线乃至乡村，快手APP更流行，仔细研究过后才发现其中的奥秘。快手的用户群体通常社交圈较为固定狭窄，他们没有能力也没有动力去改变社交范围和质量。然而快手同城界面只以时间排序，只要是最新发送的视频，就可以被推到周围人视频的最顶端。你敢发，快手就敢送你上头条。而且快手产品设计简单，界面层级少，大大降低了学习成本，所以风靡三、四线城市和城乡接合部并不奇怪。人们玩游戏会买欢乐豆，看直播也不吝啬送出一点小礼物。这也大概解释了为什么快手网红是各大平台里收入最高的头部用户。不少扎根乡村的网红在这个过程中崛起，比如天天拍养竹鼠的华农兄弟，拍摄古风乡村生活的李子柒。这里面最出名的是拍摄古风乡村生活的李子柒。无论在哪个平台，李子柒都是绝对的头部玩家。每月出两三条视频，仅仅国外视频网站上每月广告分成收益就大几百万。赚钱的同时还传播了古风文化，成为国外视频网站上展示中国文化的窗口。

三、四、五线乃至乡村最喜欢的棋牌娱乐在信息时代也有了变化。只要下载一个棋牌APP，再花几块钱买张点卡，就能开个线上虚拟棋牌间。熟人输入密码就可以进房间一起打牌，大家再也不用跑老远凑到一起了。别看就这几块钱，就能让棋牌的线上服务商赚得盆满钵满。专门搞这门生意的闲徕互娱创立5个月就被上市公司以20亿收购。当然了，线上棋牌容易成为涉赌的载体，大家的质疑也一直没停过。

直到今天，这些小地方依然是信息时代创业的洼地。和一、二线城市很多人关注上百个微信公众号，安装几十个APP不同，村里的人可能只安装了几个APP，关注了几个微信公众号。他们对每个推送都保持了足够的热情和参与感。要知道中国农村的常住人口有6亿多，互联网普及率还不到40%，而且还在加速上升。

这几年几个发展迅猛的APP软件，比如快手、头条、拼多多基本都是从农村包围城市开始的。

可以看出，不管城市还是乡村，大家的娱乐活动随着进入信息社会都在不断被改造和迭代。

五

很多人说生意不好做是因为觉得自己的东西越来越难卖了。他们抱怨的同时，各种新品牌和新零售渠道被信息化加持，也在以不可思议的速度崛起。

从小米开始，一系列极致性价比的新品牌正在中国大地上飞速发展。没有自己工厂的小米成立九年已经是世界最大的手机厂商之一。

另类的卖点也成为新品牌在新时代的突破口。钟薛高这个牌子在2018年5月上线，推出个白酒口味的雪糕。当时我还琢磨，雪糕加白酒能好吃吗？可是，它在天猫上架一年就卖出了700万支雪糕，最贵的一支66元，销量很好。这种销售额上涨的速度早就没办法用传统思维来理解了。

新品牌风生水起的同时，传统品牌也在以肉眼可见的速度衰落。曾经的超市之王家乐福被四十几个亿卖掉的时候，喜茶正在以90亿的估值融资。家乐福有200多个上万平方米的大卖场，喜茶只有200多个十几平方米的小门面。然而喜茶的估值是两个家乐福。

同样是超市，家乐福溃败的同时，盒马却在到处开店扩张，成为新零售的标杆。

以前总听人说绝大多数消费品早已经是红海了，对创业者来说没什么新的机会了。事实证明，根本没有什么能阻碍优秀的企业在红海中崛起。比如手机领域早就是红海了，苹果、三星多年前就是市场的老大，可这并没有影响华为、小米的快速崛起。混战到现在，三星在中国市场的占有率已经微乎其微。

雪糕、奶茶哪个又不是红海？挑战者们不也都杀出来了吗？现在市场上很多东西都是可以升级的，可以微创新的，主要在于能否找到独特的切入点，完全杀出一条自己的路。

信息时代的特征是口碑扩散快。只要有人能拿出打动人心的好东西，就能在人群中流行并快速扩散，成为现象级产品。这也是现在新品牌和新零售崛起最根本的原因。

六

在新零售的浪潮下，新渠道也在不断崛起，天猫、京东、唯品会其实早就变成了传统电商。

前些年，多数人都认为电商市场饱和了，电商行业不会再有巨头出现。就在这时，拼多多突然有了几亿用户。很长一段时间里，很多人是鄙视拼多多的。每天各种微信群、朋友圈里的砍一刀让他们嗤之以鼻，总觉得这玩意儿太低端了。然而拼多多用的是农村包围城市的战略。拼多多初创时候定位就是社交电商，用户群体是空闲时间多、对价格敏感、人均收入较低的那部分人。

这个群体的需求主要是省钱、实惠,能通过购物砍价获得满足感、成就感,获得社交和归属感。

这和我春节在村里的观察是一致的。在农村除了淘宝(因为有服务站),大家使用最多的是能砍价的拼多多。

渠道和媒体也正在打通。你在那边刷着抖音和快手,你只看看抖音和快手里的段子,那它就是媒体。如果你在它的购物车里买了东西,它就是渠道。

在信息社会,随着通信基础设施的普及和流量越来越便宜,手机已经变成最大的销售渠道。联结手机和消费者的是中间的网红。

你不需要水平高,也不需要文采好,只需要学会四个字"打动人心"。只要你能直击人心,就能和人群建立联结。口碑越好,联结的人越多,你的价值就越大,随便卖什么产品都很容易。而且联结本身还会自我裂变,比如你会把认可的东西推荐给朋友,你朋友看了认可后也会把东西推荐出去,这个过程就像滚雪球一样越滚越大。

从薇娅、李佳琦就可以看出,信息时代新渠道的变革多么巨大。一个人带货可以养活几家工厂,这在过去是绝对不可想象的。

七

通过以上论述,我们能够发现,现在根本不是经济出现了问题导致生意不好做,生意从来就没有好做过,不然统计数据中小企业的平均寿命不会只有三年不到。

现在很多人觉得生意难做，不过是因为他自己做生意的模式落后于信息时代所需要的模式，不然没法解释这边有人说坚果难卖，那边"三只松鼠"卖坚果已经卖上市。

信息社会的每个行业都在发生深刻的变革。跟上信息社会的形式而转型成功的，能获得新赛道的巨大红利。跟不上信息社会的形式无法转型成功的，会无奈地被时代淘汰。

当下的社会形态在迅速地进化和变革，进化和变革给多数人带来便利——5年前没人能想到会被外卖、网约车改变工作生活节奏；3年前没人能想到很多工作不但不需要常驻办公室，还可以和相距1000公里外的人通过网络协同完成。同时，社会的进化和变革也很残酷——20世纪90年代打破头进国企拿铁饭碗的人不会想到自己会下岗；10年前，人们没想过电商会淘汰街道上的商铺。

在这次影响社会形态的变化中，整个社会的生产销售和工作方式都在转型。很多行业的机遇在爆发式增长，旧的模式也在面临挑战。

如果只是想看哪个行业好赚钱，进去吃现成的，任何时候都没这种便宜的事。

即使行业再好，你自己找不准位置，把握不住机会，财富也和你无关。以前有个段子，问一个人，互联网的风口你也赶上了啊，为什么不赚钱？答，因为互联网行业不行。再问，那你做什么的？答，网管。

对个人来讲，即使行业技术升级，人的基本需求也不会变，而且人们的需求还要升级。你认真地洞察人们的需求，看看怎样把自己的技能和人们的需求结合起来，找到自己的位置，才是一个人要做的事。

20年后，中国很可能成为全世界第一个完全进入信息社会的国家，而多数国家则会停留在工业时代。信息时代商铺和办公室租不出去是正常的，因为生产和生活方式都慢慢变了，落后的模式被淘汰了。不能适应信息社会的人找不到理想的工作也是难免的。

不管你乐意不乐意，进化和变革都不会停止。适应和持续学习是必须的，不能进化的人要被社会边缘化，不能进化的企业要被淘汰，有的资产也会随着社会的发展而贬值。

效率人生

第四章

赢在人生的起跑线

未来传承会变得越来越重要
潜移默化的力量
你为什么需要更努力
做一个温暖的后盾

未来传承会变得越来越重要

有次碰到了一位小学同学，聊了一些过往经历，发现未来传承这件事会变得越来越重要。

这位同学小时候就跟着他母亲在市场里做冷库产品批发，再大一点就跟着母亲做冷库生意。

那时候我周围都是国营大企业职工的孩子，总是嘲笑他家在冷库卖鱼，动不动说他家是卖鱼的。因为他读书不好，15岁就不在学校读书了，开始骑着摩托车帮家里送货。他在20岁出头的时候，在家里帮助下去了成都，在成华区成都电子科技大学那边继续做冻库生意，用了五六年的时间把生意做得风生水起。之后他母亲年纪大了，他家里生意没人管，他又回来接管了母亲的生意。他现在有两个小冷库，批发和零售的生意一起做，一天出二三十万元的货，一年营业额过亿。唯一不好的地方是工作非常辛苦，需要起早贪黑地干，全年休息的时间很少，但是利润非常不错——很多年下来积累了很多老客户，生意非常稳，一年能赚几百万。这是我身边非常典型的普通人家子承母业的例子。

还有个子承父业的例子是做针灸的人,他爷爷辈开始就是做针灸,到了父亲和姑姑辈也是做针灸,他自己还是做针灸。他家里开的小医馆里有20张床,一天能接待三四十个病人,客单价一百多块,每天营业额三四千元。

这两个人都是继承家业的典型,相对工薪阶层来说,他们日子都还过得不错。

以前总听人说爹妈有愿意做的生意,孩子不一定感兴趣,所以如果孩子对做生意没兴趣,也不一定非要子承父业。这话的意思是,要以孩子的兴趣为重。这种论调对多数人而言是谬论,除非你在其他行业有天赋,或者做这个行业让你难以忍受,不然接手做下去才是一个人该干的事。

一个人从学校走向社会能够立足,最重要的一点是能够在行业里有积累,既要有行业经验,也要积累行内的人脉,还要熟悉当地错综复杂的关系。

如果一个人的父母在某个行业里面打拼了几十年,他继续做这件事的时候就会少很多障碍,少很多自己摸索的时间。如果再加上自身素质不错,干什么不都是如虎添翼吗?

以前经济快速增长的时候,从零起步相对容易很多。现在这个阶段多数行业早就是一片红海,老手已经在里面厮杀多年。这里面最典型的就是餐饮行业,因为入门容易,很多人都会选餐饮行业创业。可是你观察一下商业街上的餐饮店,总是不停地新旧交替。

除非一个人天赋极高,又能吃苦耐劳,或者家底比较厚能给予足够支持,否则一点经验也没有,很难在一个红海的行业里杀出重围。

  一个人从头开始一条新路不是不可以，可是一个人能够用来奋斗的黄金时间极其有限。用前人积累的东西垫底，你才能在短短的时间里做出点成就。

  很多人不以为然，他们看到上一辈人成功得很容易，就以为这是常态了。上一辈人成功得相对容易，是因为上一辈人正好遇上改革开放之后的高速发展时期。这种机会并非常态。

  为什么人们总是看到日本、欧洲所谓百年老店代代传承，比如日本的寿司之神不是就传承了几代人吗？很多国人看了觉得特别不可思议，这就是经济发展速度慢下来的常态。

  我在其他的文章里也讲过这个观点：相比孩子考上好大学，培养出来孩子的社会适应能力，家长的占坑能力和提供资源的能力同样重要。

  要知道孩子的起跑线是家庭，而家庭的资源和人脉的积累靠的也是代代传承的。

  未来经济发展速度越慢，家庭传承的作用就会变得越大。一个人毕业之后选择家里人铺好的路，能得到家庭的资源和经验，远远比一个人从陌生领域做起来成功率大得多。

  如果一个人就是个上班族，也没什么资源和技能可以传承，怎么办？对于没什么技能可传承的中等收入阶层来说，最重要的是积累本金，然后把实业、楼市、股市中的某一个规则摸得门儿清，再把实践以后的经验传授给孩子。三个选项中的任意一个，自己先融会贯通，之后再教给孩子，这比把钱花在让孩子只是接受为未来找工作的学校教育和那些社会上乱七八糟的培训有价值得多。

潜移默化的力量

以前看过一本书叫《贫穷的本质》。这本书里讲，在成熟稳定的社会里，一个人命运的起点基本就是他的父母。

早些年很多人对这点感受不深，那是因为我们刚改革开放，各个行业里机会特别多，涌现了很多白手起家的英雄。这两年，经济发展速度慢下来了，人们可能会感受到，突破圈层越来越难。

每代人都是站在父辈肩上前行的，假如你父母有钱且受过良好教育，教会你良好的学习习惯，从小就可以把你送进好学校，教育你怎么维系人际关系。等你毕业，甚至可以直接在大城市给你买房子。如果你想创业，他们可以给你启动资金。万一不幸破产，条件好的父母可以给你兜底，甚至再给你一笔钱重新折腾。如果父母那代人没有积累，你就要全部从头再来。用一代人的努力和人家两代人的积累去拼，日子过得自然很辛苦。

从某种意义上说，人生来就从父母那边继承了两套基因——生物基因和社会基因。

生物基因很简单,就是遗传学上的DNA片段。比如你家孩子长得很像你,继承了你的外貌特征,这就是生物基因。

社会基因则包含更多因素,比如财产、观念、思维模式等。在历史早期,社会基因和生物基因严格绑定。在权力世袭制的年代,王权的社会基因会随着生物基因代代传承。后来权力世袭的制度被废除了,但是财产世袭制被继承下来。

现在孩子和父母社会基因关系最大的就是财富的传承,可以说一个人的财富和阶层都源于他的父母。这也是为什么我们以前说,逼孩子学习和激励孩子提高,不如逼自己学习和激励自己提高。

你自己在竞争不那么激烈的现在都没什么成就,却期待孩子能在竞争更激烈的未来成功,这不是更有难度吗?

除去财富,孩子传承更多的社会基因是父母言传身教的东西,比如孩子会沿袭父母的行为习惯、思考方式。如果孩子没接受正规的教育,多数孩子基本就是父母行为模式的翻版。因为不管普通人还是富人,其实都会把自己的一套东西传给下一代。

比如富人会传授很多经商经验,书香门第的家庭会传授很多知识,而普通人往往会把很多没用的东西有意无意地传授给孩子。因为父母潜移默化的影响,很多孩子会继承父母的思维模式和行为模式。如果孩子接受了正统的教育,那很多孩子成年后就可以走出父母的世界。

很多父母往往会逼着孩子学习和提高,自己却并不努力——很多人从大学毕业以后,就不再读书学习了。过去的人们是打牌、喝酒、看肥皂剧，现在的人们则改成了刷抖音、快手和打网络游戏，一直在重复之前的日子。他们知识的巅峰基本停留在高考前那两三个月。这些人是很难成为合格的父母的。

你自己每天的状态会深深地影响下一代，这也是为什么之前我强调说人一生中最好的投资，就是对自己的再教育。

有句话叫"人在做，天在看"，在看的不仅是天，还有你自己的孩子。你家的孩子为什么不爱学习也不愿意听你的？因为他模仿的就是你，如果你每天还是稀里糊涂地过，那么他长大后难免成为另一个你。

现在你明白了吧，能不能持续学习和自我教育影响的不光是自己，还会潜移默化地影响下一代。

你为什么需要更努力

有一篇文章在互联网上很火,在美国工作的一个人目睹了美国中等收入阶层的家长拼娃的盛况以后,内心发慌。这篇文章的作者在学区房的竞价中加了5万美元仍然没有买到房子;到一对一家长会上,老师美式夸赞孩子以后,告诉作者孩子成绩不行;再到作者回家后开始激励孩子,让孩子努力并终于力争上游。在这个过程中,作者经历了种种辛酸。当然,中国国内多数地方教育竞争的激烈程度,只能说有过之而无不及。

一

我认识一位孩子的母亲,住在离省城150公里的三线小城。每周的星期六早上6点,准时带着孩子坐高铁去省城,让艺校的名师指点孩子弹钢琴。孩子5岁到8岁的三年时间,风雨无阻。可三年以后的成果让她略感疑惑,虽然孩子弹得还算成调吧,但是怎么也登不了大雅之堂。有心放弃吧,三年的时间从没过过一个完整周末,20多万的学费,再加上精力的消耗,沉没成本实在太大，实在不甘心。再说，万一孩子有天赋呢？自己不是成了孩子成为下一个郎朗的绊脚石吗？

在东亚这个高度组织化的社会里，成功的定义相对单一，好好学习进入厉害的公司、晋升，出人头地成了唯一的路径。在这个过程中，所有中等收入家庭的人都在担心自己的阶层下滑。在社会舆论的鼓吹下，给孩子报各种兴趣班、培优班、提高班，成了他们抵御焦虑的重要手段。很多家长抱着这样的心态：先报了再说，万一管用呢，不能耽误了孩子。结果通常是，家长的钱花了一茬又一茬，孩子到最后依然没有什么起色。

从过往的历史看，除去刚刚经历社会大变革，机会比较多的时点，教育可以算一个重要的提升因素。到了稳态社会，孩子未来走得怎么样，孩子的教育固然非常重要，还有两个因素也非常重要，一个是孩子的天赋，一个是家庭背景。

BBC有部纪录片叫《人生七年》，一共拍了56年，讲的是不同阶层孩子的成长历程。每隔七年，这些孩子都会被回访，工作人员用视频记录下他们每个时段的生活状态。在稳态社会，多数孩子都没有实现阶层的跨越。片头有一句话让我印象极深：让我带一个孩子到7岁，以后随你怎样带，随他怎样长，他会成为什么样的人已是注定。

人类社会优秀的人普遍都具有几个特征：精力旺盛、智商出众、勤奋异常、有上进心、责任心强。如果你研究过这些特征，会发觉，这些特质很大程度上是天赋，少部分是后天养成的习惯。当然，教育也非常重要。

看起来相同的孩子，从小就展现出完全不同的特质，即使同一个家庭，同样教育出来的孩子，性格特征、未来的成就也可能是完全不同的，这完全是天赋差异。可以说，天赋很大程度上决定了很多人的未来，必须承认天赋的差异，才能正确认识孩子间的差异。

这位母亲连续三年带着孩子周末无休地学钢琴有错吗？没错。一点成绩没出该怪孩子吗？不能，他只是不擅长而已，大多数人只有做自己擅长的事情的时候，才会有成就感和愉悦感，才能坚持下来。

天赋多数来自遗传，另外一半大概来自基因突变吧。小时候常听到的故事是，巷口卖菜的贩子有五个孩子，读书环境不好，也没人管，居然有一个考上了北京大学，这大概就是基因突变。

天赋异禀的人成功的概率就是这么大，就像你再努力练习短跑，也跑不过牙买加名将博尔特。

中国14亿人选11个踢足球，青训少年队一拨接一拨，钱花了不少，依然踢不过贫民窟里一群踢野球出身的巴西少年，这也是天赋差异。

当然，我的意思并不是教育不重要，而是说，如果孩子没有某个方面的天赋，就不要在某个方面逼着他学习。即使你花了很多钱，往往也难以有什么成果，远不如让他在他擅长的方面努力收获更多。

除去天赋，家庭背景占了另外一大半因素。毕竟人群中天赋异禀的只占了5%，剩下95%里面，90%是资质差不多的孩子，这90%资质一般的孩子未来成就的决定因素在于天赋以外的因素，其中最重要的，是家庭背景和经济条件。对这群资质差不多的孩子来说，很多比拼，与其说是拼孩子的天赋，不如说是拼家长的能力。想逆天改变孩子的天赋，不如先试试改变自己更可靠一点。

很多人喜欢说一句话，不要让孩子输在起跑线，可孩子的起跑线不是读书，是你自己啊。作为家长你得先读书，先努力，你逼孩子努力的时候，更要先狠狠地逼自己一把。完全靠通过孩子自己改变命运非常难。

其实除去5%天生有天赋的人，大部分普通孩子的出路，除了自己的努力，也需要家长在行业中占据优势地位，未来子女的出路和就业水平直接决定于家长的诸多因素。家长占坑的能力越强，社会关系越广，对经济的认知越深入本质，孩子的出路就越多。

很多人稀里糊涂地生活，跟着社会前进的大潮突然变成了中等收入阶层，但总怕有一天突然会失去，尤其是人到中年，很多有文化有思想的中等收入阶层，莫名其妙跟着焦虑，像个无头苍蝇一样四处乱撞。

二

教育本身是一项投资，在你的钱没有多到可以随便挥霍的情况下，所有的投资都要讲回报，要考虑投入产出比。拼教育没错，但是要想一想砸钱学习的目的。就像很多从小没什么艺术天赋的孩子，家长非逼着孩子在弹琴、画画上花大量时间和精力，孩子学得无比痛苦，家长也花了很多钱。孩子学这些能为他带来什么呢？

作为一个普通人，教育投入金钱和时间、精力之后的目的就是能够赚取理想的报酬，拿不到就是投资失败，你的投资就变成了消费。

不管是让孩子上培训班还是让孩子出国留学，首先要明白你的目标是什么，以及这种决定是不是能帮助你实现目标。否则只是你的钱装进了别人的口袋里，你却什么也没得到。

很多中等收入家庭动不动就送孩子出国，动不动把提升孩子的眼界、格局、扩展人脉挂在嘴边，其实特别不切实际。如果要提升眼界和格局，国内就足以让孩子提升了。如果想建立人际关系，也不是靠出国能够获得的，要知道人际关系是建立在彼此都势均力敌的情况下的。

中等收入家庭父母思路跑偏了，造成的结果是孩子思路也跑偏了。一般人家的孩子从小就知道，要出头唯有靠自己。富裕家庭的孩子知道，自己的未来不用太担心。越是中等水平的家庭，越不甘愿普通，在教育上砸入大量的资金和精力，拼命地硬着头皮上。

一个人的选择，如果忽略了对历史行程的研究，注定是一个巨大的悲剧。

20世纪80年代的说法是，做导弹的不如卖茶叶蛋的。那时候，人们觉得读书虽然是一个人成功的重要途径，但是也认为不读书做个体户致富也是完全可能的。20世纪90年代，一批大学生成为社会的中流砥柱。2000年以后，通信、互联网、金融行业又让一批高学历的人才完成了阶层跨越，这是历史进程造就的，不以人的意志为转移——原来有价值的岗位随着社会的发展而变得不再具有那么高的价值，新出现的岗位变成了香饽饽。

改革开放后社会大发展，行业的机会爆炸性增长，岗位需求激增。成长于这个年代的人，很多成功的人家境一般，他们用自己过去30年的经历，深信不疑地告诉你，只要敢闯敢干，遍地都是机会，人人都能完成阶层跃迁。如果你没做到，一定是你不努力。即使他们生活在小城市，他们还是会用自己小时候从农村通过努力走向了小城市，最后在小城市立足的经历告诉你，完全没问题。涉世未深的你，在步入社会前一直都会这么认为，觉得好好读书，留在大城市，拿到中等收入阶层的收入是理所当然的，每一个人通过奋斗都能达到。

在北京的时候，认识了一个女生，出生在中国的五、六线小城市，考了生物学博士。父母的工作也不错，对她寄予了厚望，按照她父母那个年代的标准，大学生都是天之骄子，考上顶级大学基本上就是很高的职务了，博士在北京安个家那不是轻而易举的吗？可现实击碎了一切，想在大城市安家？除了户籍的问题，首先考验的是你的家庭支付能力，后来她的父母开始感叹，这个社会怎么了？

随着经济进入中低速增长时期，全社会能提供的机会越来越少，发生在70后和80后身上的通过教育投资带来阶层跃升的概率会降低。20年后各方面增速平稳的社会，孩子很难像70后和80后一样，大规模地实现阶层跨越。我并不是说不要在教育孩子上进行投资，而是在孩子教育投资上不要超过家庭的支付能力。如果全家卖房或者举债让孩子出国留学，那就不是明智的行为。

70后的父母和80后的父母的特征是让孩子和条件艰苦的比奋斗，和厉害的比成就，孩子的生活轨迹还得和周围人一样，别人都25岁结婚，你25岁也得赶紧结婚。

这一代父母的过往经历和成长烙印给他们印象最深的，就是教育越阶。他们认为只有教育的军备竞赛才能让孩子走向越阶之路，这也是他们之前走过的路。殊不知，大环境已经开始变了，这些人用自己大半辈子奋斗历程所建立的深信不疑的奋斗哲学已经作废了。

说起来中等收入阶层最大的焦虑，就是想再发展一步变成人上人，可头等舱哪有那么多位置？他们上不去又担心掉下来，所以每天很焦虑。相当于在墙上画了个小怪兽，把自己吓个半死。特别富有的人财富可以继承，但中等收入阶层的财富很可能随着时代的发展而迅速贬值，就像20世纪的万元户后来成为普通人家一样。中等收入阶层的人没有更好的办法稳固阶层，只能寄希望于拼教育，在教育上较劲。

只会低头奋斗，不会抬头看路，对未来的趋势视而不见，是血拼教育的中等收入人群的最大特点。就像每次金融危机都会挤掉很多奋进的中等收入阶层，使这部分中等收入阶层又变成下层的轮回一样，时代变迁，教育的军备竞赛里，他们所做的最终依然是无用功。不过好处也有，部分下滑的中等收入群体最终会将知识、文化经验带到下层，慢慢地，整个国家的素质都会提高。

人生想过得轻松，也是靠代际血酬的，也就是说，父辈流过的血，就是你能享的福。说到家庭背景，很多人就对富有家庭的孩子愤愤不平，觉得他们命好。其实想想看，他们的祖父辈在商场和职场上拼命的时候，大多数人的祖父辈还在保守地种地或者做工。富有家庭孩子的祖父辈积累下足够的资源，这是他们奋斗的结果。如果你想改变，就要从自己开始学会积累。

三

如果说一定要培养孩子，那么最需要注重的是培养孩子的习惯。最后坠落底层的人，最惨的并不是笨，而是从小就懒、爱玩、爱交不务正业的朋友，总之除了学习和劳动不爱，其他啥都爱。

自制力强、延迟满足、守纪律、勤奋、善于学习，这些是有成就的人的标志。

多数孩子都是有人宠，却没有被正确地约束和处罚——家长只会提要求，但是往往也很迷茫，完全不知道怎么管理和引导。最后孩子不仅在短暂的青春岁月面目可憎，到了中年，甚至老年也不会变得可爱。别期望阅历和知识能改变从小就懒惰、短视、不思进取的人，一个人的坏习惯，往往只会随着年岁渐长，越来越浓。

太多的人无法做好父母的原因，是这些父母多数20多岁就停止了学习和深度思考。他们的知识结构、审美水平无法赶上他们的孩子，自然也难以说服孩子。多数家长不能靠知识和威严管束孩子，只能完全依靠家长的身份压制，结果是孩子不服气，家长总生气。

孩子成年了，尤其中年以后可能反而觉得父辈的话有道理，是因为多数孩子根本没办法突破固有的阶层，父母中年以后那些人生体会，正好他们用上了，然后一代代循环。

改变本身需要来自家长的努力，而不是寄希望于逼迫孩子。漫威迷对两个角色应该很熟悉，一个是钢铁侠，一个是绿巨人，钢铁侠能打，靠的是全身的高科技装备；绿巨人厉害，靠的是变身成怪物。

"常人靠变异，富人靠科技"是漫威迷对漫威超级英雄诞生方式的调侃。这句话用在拼娃身上同样也适用。随着社会发展速度变慢，整个社会能提供的机会变少，在文凭仍然海量供给的今天，单纯同质化的教育军备竞赛当然也是有用的，但要孩子胜人一筹，也需要家长的努力。如果你不能给孩子提供基础的支持，只寄希望于孩子出生就厉害，这显然是极其不负责任的行为。

做一个温暖的后盾

很多人小时候饱受伤害，形成讨好型人格的原因，竟然多数是因为家长不正确的教导。有位女生说，她的讨好型人格来源是自己的母亲。从小母亲就打着爱她的旗号，嘲笑她的梦想，打压她的能力，践踏她的尊严。这些从小产生的阴影几乎在她的心里形成了条件反射，每次遇到问题都会先卑微地检讨自己——"是不是因为我不够好他才这样的""是不是我总是让人失望，我对不起爱我的人""我是不是需要做点什么来补偿他"。

这个女生最后能走出童年的阴影，是因为遇到了一个很好的爱人，帮她分析问题，逐步修正。然而，并不是每个人都有这么好的运气。

我的一个朋友说，他很心疼从小被妈打击到大的女生。他的经历和她极其相似，他用半生治愈了童年留下来的心理问题，所以深有感触。

对多数人来说，朋友甚至男女关系可以选择远离，但是血缘关系很难。不管你是否喜欢你的父母和家庭，这是天然存在的关系，而且孩子也不可能离开家独自生活。孩子只能在家庭中长大，但孩子童年的经历会影响他的一生。

对于教育，多数家长只把精力和财力用在了孩子的读书和考试上。当然，很多家长通过我的文章知道了提高孩子的财商也很重要，其实同样重要的是培育孩子健全的人格。

我认为我母亲的经历，以及我母亲教育我的方式，值得讲一讲。这要从我姥姥那辈人说起，因为这代长辈里，出现了一个对我母亲性格影响很大的人。姥姥家是陕北人，大家都知道，陕北是革命根据地。我的姨姥姥，也就是我姥姥的姐姐嫁给了一个军人。姨姥爷是个军人，也是个文化人，解放以后的20世纪五六十年代到某省城的大型国营钢厂做了厂长。厂里有几千人，因为姨姥爷能帮着找工作，姥爷一家也就跟着来到了省城。后来姨姥爷工作调动去了北京，我们就暂时断了联系。

姥爷很帅，看起来像个文化人，实际上是个粗人。只要外面有人向姥爷告状，姥爷不问青红皂白就对家里的孩子非打即骂。

我母亲是家里的老大，有几个弟弟妹妹。因为是外来户，附近的小孩就总欺负他们。父母不在的时候，母亲就要承担起保护弟弟妹妹的责任，所以从小她的性格就很泼辣。

小时候因为巷子里的男生总欺负舅舅，母亲和他们没少打架。有一次，母亲拿了半块砖追了一个男生很远，一砖头拍人家脑袋上。还有一次把一个男生追回家，堵人家门口骂了半小时。

每次出点事，只要对方家长来告状，姥爷不问对错就对我母亲一顿打，鸡毛掸子都打断了几根。母亲从小以为每家小时候都

第四章　赢在人生的起跑线

是这样，直到她后来去了北京才发现并非每家都是这样——那应该是20世纪70年代，母亲第一次去了北京，在姨姥姥家生活了一个月，这段经历对她影响至深。

当时姥爷家住的是平房，每天早晨要去公厕倒马桶。母亲在北京第一次见了三室一厅的楼房，家里用的是抽水马桶，也第一次见了煤气灶。更重要的是，母亲第一次见了不一样的家庭关系。

只要姨姥爷在家，家里就总是如沐春风。姨姥爷喜欢正面引导讲道理，孩子们遇到挫折，他总能像个智者一样帮他们分析问题、解决问题。姨姥爷也会立规矩，但是很少靠打骂这种方式树立威严，家里的孩子打心底都对他很服气。

这段经历给母亲留下了深刻的印象。当母亲建立了家庭，有了我的时候，她希望我们家也能建立类似的关系。母亲是这么想的，后来也这么做了。

虽然母亲仅仅是高中学历，但是从教育的角度讲，她比很多高级知识分子的父母强得多。

我四岁以后，基本没挨过打，从小家里基本都是大家讲道理，家长不用年纪压人。谁能讲出来道理说服对方，那就听谁的。大家说话也都算数，要么不承诺，要么说了就会做到，不敷衍。错了当然有惩罚，但大多数时候都是鼓励，尤其是我小时候自信不足，缺少勇气的岁月里。

姥姥在世的时候还讲过我小时候的事，因为这些事情让她印象深刻。

我四五岁之前,经常是被姥姥带着,我和她感情很深。有一天,我在家门口看到小朋友在玩一个玩具,就拉着姥姥说去附近的商场看看。

姥姥开玩笑说,我可没钱给你买。

我说,咱不买,就去看看。

到了商场,我拿起来看了半天,姥姥本来准备买了,我突然放下说,咱们走吧。

姥姥说之所以对这件事印象这么深,是因为我从小就和别的小朋友不一样,不会因为想买什么东西哭闹。而且我答应的事,多数都会信守承诺。

有的人用童年治愈一生,有的人用一生治愈童年。我就是用童年治愈一生的幸运儿。长大以后,小时的很多事其实没什么印象了,但是小时候的家庭教育对我影响至深。

说件事很多人可能不相信,教育得好不好不光对人影响很大,对小动物影响都很大。几年前舅舅家小狗生了崽,母亲和阿姨都抱了一只。养了一年以后,两只小狗就表现出完全不一样的状态。阿姨家的小狗随地大小便,有时候还跳到床上、沙发上小便。我家小狗会和人握手,也会和人表示再见,想要大小便就会走到你旁边拿爪子挠,让你带它出去。

从个人体会来说,我认为培养孩子的性格要从以下几个方面着手:

一、帮助孩子树立积极向上和自信的心态。这就需要家长少挑剔,多鼓励。孩子错了自然要批评,孩子做得好应该被鼓励,而不是打击他说,你将来很快就会做得不好。

不要总站在自己的高度期待子女一下就成长到和你一样的高度,这两者之间相差了几十年的人生经验和教训,况且你的经验也不一定对。

二、认真对待孩子的要求,给他做选择的机会。

给孩子把道理讲清楚,同时征求他的意见。平等的相处和交流是孩子自信的阶梯。不要把自己的梦想寄托在孩子身上,自说自话帮他做选择。除非孩子有超于常人的天赋,否则,你做不到的事情,孩子做起来也吃力,而且往往会扼杀他的自信心。

三、遇到困难和挫折的时候,要帮他分析经历,复盘问题,让他正确面对失败。下次遇到类似问题还要鼓励他自己去解决,这个过程会帮他建立自信。

很多家长弄错了教育的执行方式,认为教育是让孩子不要犯错。实际上教育的过程应该允许孩子犯错,让孩子把该犯的错误犯了,然后你帮他复盘吸取教训,这样他才会懂得怎样避免错误。

更严重的是,很多家长给了孩子足够的爱,却没有匹配足够的信任。爱和信任从来不是一回事。你不相信孩子的能力,他就会变成一个自卑气馁的孩子,容易在困难面前退缩。

你因为爱他帮他收拾残局,后面他会更气馁。他不自信,是因为你从来没信任过他,也没给过他解决问题的机会。很多控制欲强的家长很容易犯这样的错误,他们从来不相信孩子离开自己也能活得很好,也从不给孩子机会让他们证明自己。

另外，告诉孩子，别人的看法并不那么重要，坚持做正确的事情才重要。看淡别人的看法能给人带来很多正面的心理状态，比如自由感、安全感。

四、要培养孩子的生活自理能力，及早脱离依赖。

要培养孩子让闹钟叫醒的习惯，而不是家长一次次叫他起床。让孩子从小要学会自己穿衣吃饭，而不是家长追着他穿衣服和喂饭。生活能自理的孩子才能在没有依靠的情况下依然不彷徨。

成长就是要培养能生活自理的人，长大就意味着不再需要父母照顾。

五、重视承诺，要么不答应，答应了就要去做。

承诺了不去实现，慢慢地你们的互信感就没了。为什么很多孩子遇到问题不愿意告诉家长，也不愿意和家里倾诉，因为你们一直都没有互信，他觉得说了也白说。

六、培养孩子识人的能力和孩子及时止损的能力。

孩子和家长彼此建立信任以后，孩子才有可能具备及时止损的能力。当建立了信任关系，孩子从小遇到问题的时候，就愿意坦诚地告诉你，你帮他分析，并给出解决的方法。慢慢地，他就具备了鉴别人和止损的能力。要是他根本不信任你，什么话都憋在心里，你能知道什么呢？又怎么帮他建立这种能力呢？

从小就能学会分析并解决问题的孩子，长大以后也会更理性，避免走极端和钻牛角尖。

效率人生

第五章

财富的深层逻辑

哪些钱才值得你去赚
人生每个阶段该赚什么钱
致富,除了勤奋,究竟还需要什么
拥有理想的财富,是需要学习的
为什么买单的总是你
分清资产和负债的区别是进阶的第一步
副业创收的误区

哪些钱才值得你去赚

最近海通量化团队发了个研究报告说：在5%的显著性水平[①]下，有76.7%的基金的业绩主要由运气因素所影响，由基金经理实际能力所影响的基金仅占23.3%。如若在1%的水平下，这一比例会进一步下降到8.7%，而剩余高达91.3%的基金业绩主要由运气因素所影响，基金经理自身能力对其业绩并没有显著性的影响。这个量化团队的测试结果可以说是很真实了。

这就是我一直强调要赚容易的钱、赚政策红利和大趋势的钱的原因。

大趋势来的时候，鸡犬升天，只要能够在高位脱身，在这个过程中轻轻松松就能把钱装进口袋，之后就可以休息。剩下的时间，你只需要等待下一次政策红利或者技术红利的机会来临。

[①] 显著性水平：显著性水平是估计总体参数落在某一区间内，可能犯错误的概率，用 α 表示。显著性是对差异的程度而言，程度不同说明引起变动的原因也不同：一类是条件差异，一类是随机差异。它是在进行假设检验时事先确定一个可允许的作为判断界限的小概率标准。

第五章　财富的深层逻辑

这些年，很多人做投资都执迷于超短线，毕竟赚得刺激、赚得快，每次下注的时候都会带来激素分泌和满足感——八年一万倍的投资收益奇迹有没有呢？当然有。但是这么多做超短线的，为什么赵老哥只有一个，就像博尔特只有一个一样？

一个人，只有把天赋、技巧、心态、时机四位融为一体才能有大的成就。因为天赋差异，博尔特训练得不多，你天天训练，你依然跑不赢他。多数人不仅没有天赋，也缺少技巧的训练。有的到处花钱学了一堆没用的技巧，学得也很用功，可忙来忙去依然难赚到钱。

更糟糕的是，因为屡战屡败，押注只要稍微重点，心态就容易坏，心情会随着账户资金的波动而波澜起伏，陷入恶性循环。

举个例子，你有三千万，当天打了个涨停板，当天跌停。第二天一看亏损了22%。这时候只能止损割肉，六百多万没了。你现在还能心情平静地继续操作吗？多数人绝对不可能做到，赵老哥这种人就可以，虽然亏损巨大让人痛苦，但是人家依然可以平静稳定的不受情绪影响，这就是天赋之一。

时机就更不用说了。2015年，有人能上个大台阶做到八年一万倍的收益，是因为那一年是流动性的盛宴。没有这一年的中国神车[①]，就没有每天几十亿的成交量，就没有几千万本金加上几倍的杠杆配资能让他进出自如，你说时机重要不重要？

---

① 中国神车：2014年10月的时候，南北车宣布停牌，随后宣布合并预案，并在2014年12月31日的时候复牌交易。在4个多月的时间里，南北车股价均迅速上涨至400%，总市值超过4000亿元，因此被称为"中国神车"。

对普通人来说，赚容易的钱，赚政策的钱，赚大趋势的钱才是最要紧的。什么时候资质普通的人最容易赚钱呢？大趋势到来，鸡犬升天的时候。

基金经理往往都是名校毕业，都是学校里的佼佼者，后面还有砸了重金的投研团队支持，80%的人的业绩也不过是运气决定。

投资本身是聪明人的游戏，你要打败90%的人才有获利的可能。打败多数人难不难？当然很难。什么时候才会变得不难？鸡犬升天的时候——笨蛋都赚钱的时候。

当聪明人赚钱都难的时候，你冲进去想拿点利润出来，难于上青天。鸡犬升天的机会每隔几年就有一次，有时候是股市，有时候是楼市，二者交替，循环往复。每次押下适当的筹码，一两年过后就会再上一个台阶。

这事听起来很简单，为什么没几个人能做到呢？一个是对时机和切入点的判断以及对政策的理解，这已经挡住了不少人。另一个更重要的是心态，结果是光明的，道路是颠簸又曲折的，多数人面对曲折时不稳定的心态就决定了必然做不到抓住这一次又一次的红利。

人生每个阶段该赚什么钱

有个熟人打电话说今年的生意赔惨了。他是做小工厂的,一直没法开工。虽然上面说了不能限制复工,但镇上怕担责任根本就不批。这个朋友十多年前做的工厂,那时候正是工厂的黄金时代。这几年他工作比以前更努力了,不断尝试开发新客户和新产品,赚的钱却日渐稀少,这两年甚至还赔钱,之前赚的老本都掏出来很多用于维持现状。他的日子越来越难过,这两年他最困惑的一点就是为什么以前工厂的幸福日子突然就一去不复返了。我想,这也是很多中小企业主遇到的困惑。

其实他不知道,没有什么行业能一直好下去,中小企业的平均寿命不过两年半,一个行业的兴衰也不过十年。所处的行业赚钱轻松,不过是因为赶上了时代和政策的红利。不只生意靠时代和政策的红利,就连工作也需要。20世纪90年代初的好工作是国企,兴高采烈没几年,20世纪90年代末赶上了下岗。21世纪初所谓的好工作就是在外企,风光无限体面了十年,中年赶上裁员了。2010年开始,互联网公司强势崛起,最优秀的毕业生挤破头往里钻，很快这个行业也进入了寒冬。

现在还有什么行业红利期超过十年了吗？并没有！唯一的规律大概是红利期你上不去，下行期只有更倒霉。红利没了，之前顺风顺水的时候又没有做好积累，后面自然就难过了。你可以年轻的时候蹬三轮，中年以后开宝马，但是把顺序倒过来就不太舒服了。除去意外暴富和有钱的父母托底，普通人每个年纪都有每个年纪的使命。关于这一点，太史公在《货殖列传》早就用十二个字写清楚了："无财作力，少有斗智，既饶争时，此大经也。"这三句话道出了我们人生每个阶段该干的事。

"无财作力"，也就是说当你一无所有的时候，需要靠出卖力气赚钱积累资本。在这个过程中，提高收入和存钱是最主要的。为什么这时候投资理财不是最重要的呢？因为你没有资本积累，也就是没钱的时候，把太多精力花在投资理财上并不值得，口袋里压根没几个大子儿还花在理财上大量精力，不是思路有问题吗？这时候，性价比最高的是努力工作升职加薪。你手里有20万努力理财变成40万容易，还是努力赚到20万年薪容易？

第一阶段一定要勤俭节约。现在社会非常流行一种说法叫"钱是赚出来的，不是省出来的"。这是个非常荒谬的说法，简直就是多数人完成原始资金积累路上的绊脚石。钱确实是赚出来的，但假如一个人暂时能力有限，那他短期内赚的钱就相对固定。这时候再放手花钱，五百年也没办法完成启动资金的原始积累。有了一定原始积累才有资格进入第二阶段，不然永远摆脱不了卖苦力拿时间换钱的魔咒。

第五章 财富的深层逻辑

"少有斗智"的重点在"少有","少有"是"斗智"的先决条件。20多岁"无财"的时候需要打工赚钱积累资金和资源,30岁稍有积累以后就要进入用头脑赚钱的阶段。你已经有一定积蓄,收入也比较稳定,这时候就不能一味靠出卖时间和体力赚钱了。要利用积累的资源继续想办法提高自己的收入,扩大现金流来源,还要用之前攒的钱开始学着撬动资产。这时候该做的是根据手上的现金流做好资产配置,通过资产膨胀来让自己的钱增值。同时配置基础的保险防范风险,避免出现意外的大额损失导致一夜返贫。这一阶段的原则是:做好风险防范,扩大现金流,买入资产,适当贷款负债撬动杠杆。这样才能把资产包逐步做大,产生财产性收入。在没有把资产包做大到一定程度的时候,尽量别把钱花在各种无用的炫耀性消费上。等到积累一些资产和存款以后,你也快40岁了,这时候就可以进入理财的第三个阶段了。

第三阶段"既饶争时"的重点在"争时"。"既饶"的意思是经过多年的打拼和积累,你已经有不少资本和资产了。"争时"成为你能不能继续上一个台阶的关键因素,这时候你需要等。等什么呢?等一个时机或者周期的到来。

周金涛有个观点是,人生发财靠康波周期[1],讲的就是周期

---

[1] 康波周期:1926年,苏联经济学家康德拉季耶夫发现发达商品经济中存在一个为50~60年的经济周期。在这个周期里,前15年是衰退期;接着20年是大量再投资期,新技术不断采用,经济快速发展;后10年是过度建设期;过度建设的结果是5~10年的混乱期,从而导致下一次大衰退。知名经济学家周金涛曾经说过一句很牛的话:人生发财靠康波。

问题。

2005年上证指数只有998点，2007年已经到了6000点，你需要等的就是2005年这个周期低点。

2015年大家还在股市炒得热火朝天，我们都知道这一年后面发生了股灾。不过股市崩盘的同时，楼市的机会也随之到来。

如果你在2015年股市高涨的时候开始套现，在一线城市转向房产投资，到2017年的时候，一线城市的房价已经全线翻倍，你需要等的就是类似2015年这个股市和楼市的周期转折点。

资产只有在价格和周期低点买入才有意义，才能获得后面爆炸性的增值。后面转折点来了，一次就能让你的资产和财富翻几倍。

财富增长从来不是靠工资收入赚出来的，而是靠资产爆炸性增值得来的。你仔细想想，富有的人家有多少财富是靠工资或者劳动赚来的？

很多一线城市家里最大的财产就是房子。这个房子父辈当初买来并没有多少钱，后面涨价增值的部分，很多人一辈子工资都赚不到。你以为只有普通工薪阶层财富靠资产增值吗？富人们更是这样，只不过他们资产里占最大比例的不是房产，而是股票和各种证券化资产。最近Visa一位高管减持了点股票，最大一笔是64315股，价值1336万美元。2009年时，这些股票只值70多万美元。

也许Visa的高管很多人都不熟悉，说起李笑来大家可能更熟悉一点。他被称为国内的比特币首富，他因为割韭菜而饱受争议，但他确实用一生实践了太史公的三句话。

李笑来"无财作力"的阶段是在新东方，他开始是在里面做老师。他当了几年老师，积累了一些名气和资源之后，很快出了几本书。这时候，他的人生迈入从主动收入转为被动收入的阶段，慢慢到达了"少有斗智"阶段。

当时李笑来已经步入中年，他当老师加上写书赚的钱应该在千万左右，也算很不错了。

可他所在的城市是北京，想靠千万过上滋润的生活根本不可能。如果按照当老师和写书的路子积累财富，他发大财估计还需要二三十年吧。这对一个中年人来说是根本没法负担的时间成本。

后面"既饶争时"的"时"来自比特币。靠着比特币，他赚到了上亿美元身家。其实我们现在也站在一个资产爆炸性增值起点的位置。

为什么开工厂的这个朋友现在感觉做生意这么痛苦呢？这个朋友从给别人跑业务到自己开工厂，确实也经历了无财作力、少有斗智两个阶段。从跑业务打工赚钱，到积累资源自己开厂，开局可谓一帆风顺。小工厂开始赚钱就贷款买房，把老婆孩子接到省会城市，在他们村也是人生赢家了。只不过进入第二阶段"少有斗智"，他就停滞了。他以为工厂的生意会一直好下去，所以把每年赚的钱都花在了各种炫耀性消费上。工厂现金流最好的时候，一年可以买南京一套房。他的选择是隔两年换一部好车和出入各种高档消费场所，工厂赚的钱基本每年吃光花尽。后面生意一回落，马上就感觉捉襟见肘。

更倒霉的是，去年他老爸和他老婆得了重病。幸运的是，他很早就给全家买了重疾医疗险，算是有东西兜底。

和他同年创业的还有他表弟，表弟生意可没他做得好，每年工厂的现金流比他少一半还不止。不过表弟不爱换车，现在还开着辆七八年前的二手帕萨特。那时候只要现金流还得上月供，有点钱这个小老弟就在南京买房。

这种清苦的日子大概坚持了十年，这哥们儿那时候还嘲笑表弟的车寒酸。2018年南京那次楼市暴涨以后，南京的房价开始横盘[①]。看到国家对楼市的各种限制政策之后，他表弟卖了手里的两套房，换成了股票，到今天收益还不错。现在他表弟丝毫不担心公司出问题，能做就做，不能做就关门，几套房子加上股票赚的钱够他安然养老了。

其实人生的每个阶段该怎么做，太史公在《货殖列传》早就告诉你了。只是你没在意，或者选择了放弃努力。

[①] 横盘：又称盘整，是指股价在一段时间内波动幅度小，无明显的上涨或下降趋势，股价呈牛皮整理，该阶段的行情震幅小，方向不易把握，是投资者最迷惑的时候。这里用以指楼市。

致富，除了勤奋，究竟还需要什么

为什么我总是通过经济这条主线讨论历史和现实问题——我一直认为多数社会问题本身都是经济问题，不管是国家的问题，还是企业的问题，抑或广受争议的男女不平等，其本质都是经济问题。

前两天有读者问了个很有意思的问题，他说，以前总听说一句话叫作勤劳致富，可他和他周围的人都很勤劳啊，努力赚钱努力攒钱努力工作，可为什么至今都没有致富？反而感觉越来越穷，越来越焦虑了。

一、除了劳动，你还要凭借什么才能致富

首先我们想说的是：勤劳虽然是致富的必要条件之一，但绝对不是什么充分条件。也很少有人可以通过勤劳工作，发家致富。这个问题我们算个账，大家就明白了。一个23岁正常毕业的大学生，除去少数从事金融、互联网这种高薪行业的群体，基本收入都在一定范围内浮动。

一个人找一份正常的工作，月工资大概在6000到10000之间，这里我们按照平均8000来算。你别觉得这个数字低，统计数据显示，本科毕业5年后平均工资最高的大学是清华，平均月薪一万多。因为除了高收入的专业，还有很多都是低收入的传统专业及文科专业。在一、二线城市每月房租我们算1500，每月伙食费、交通费、电话费等各种开支2000，也就是每月花在衣食住行上的费用大概是3500，这是一个比较保守的数字了。

除去衣食住行，还有社会交际成本和各种娱乐活动的花费，这些费用按每个月1500计算。也就是说大学毕业第一年，这个年轻人每个月可以结余3000元。这个年轻人到了第一年的年底，大概可以结余不到4万。到了第二和第三年的年底，年轻人因为跳槽涨工资了，月薪上涨到1.2万。如果他的各项其他开支不变，因为谈了恋爱，他每个月需要多支出2000。这时候每个月的结余变成5000，年度结余变成了6万。

如果第四年这个年轻人再次跳槽，这次跳槽收入涨了50%，那么他的月收入就涨到了1.8万。如果年轻人所有开支依然不变，那么每月的结余应该是1.1万元，这时候年度结余会增长到12万左右。图1的表格可以看出工作前五年，这个年轻人每年可以留存的结余。

也就是说，一个毕业就处在平均收入水平之上的年轻人，五年之后可能会有40万存款，这还是在他很节约能存钱的情况下。

年份	月收入	衣食住行	交际和娱乐	年结余
第一年	8000	3500	1500	3.6万
第二年	12000	3500	1500	6万
第三年	12000	3500	1500	6万
第四年	18000	3500	1500	12万
第五年	18000	3500	1500	12万

图1 收入、消费、结余表

五年之后他已经28岁了，他不只谈了恋爱，还有可能要买房结婚。于是他在父母资助一部分钱的情况下，拿着自己攒的所有积蓄付了首付。买房结婚以后，年轻人口袋里就没什么钱了。他每个月还需要拿出部分工资还贷。当然后续收入可能也会有一定上涨，但通常涨幅不大。这种上有老下有小的日子持续20年以后，年轻人的孩子长大了，开始继续重复父辈之前的生活，这就是多数普通人的轮回。不过年轻人确实因为买入房子这项资产，从此和所在的城市捆绑，开始分享城市发展的成果。这期间，年轻人如果没有不断换房和各种贷款加杠杆折腾，可能到最后留下的全部资产，除了这套房就是100万左右的存款了。在房地产的红利下，很多人只有不断换房折腾，才能增加自己资产。

一个人仅仅靠工资的存款增加资产很难，而且一个人的工资收入是有天花板的。现在除了少数高收入行业，多数人的工资收入到后来的涨幅都会越来越慢，每个月的开销却会越来越大。每个月除了日常开销和房贷，偶尔出去旅个游，每年下来可能只能剩个10万的结余做储蓄。再过几年生小孩了，每个月开销又增加了，各种营养费、教育费、培训费花费都很多。如果这个人的月收入不够这个时候的开支的话，之前银行的储蓄也要拿出来花，又回到"解放前"了。正常家庭最后能存下来的，最多也就一百多万。要是一个人能在一个行业维持稳定的收入到退休，对很多人来说，已经是一个不错的结局了。因为更可能的是，你辛苦工作十几年，40多岁的时候发现，自己要被公司当成负担裁员，还得重新开始求职之路。

你能说这个人一生不勤劳吗？非常勤劳。但是他致富了吗？并没有。因为单靠勤劳工作，是没办法致富的。很多在一、二线城市的中年人是怎么富裕起来的？多数都是因为资产价格上涨躺赢赚来的。早年因为结婚生子的需要，这批中年人早早买了房子做资产，从此和所在城市的发展捆绑。随着年纪的增长，可能房子不够住了，可能孩子要上学了，又顶着压力贷款换了新房，或者买了学区房。2008年以后全球央行"大放水"，导致资产价格不断上涨，这个中年人按资产价格衡量也越来越有钱。钱变多的原因，并不是因为他勤劳工作以后工资上涨了多少，而是因为买了资产以后，手里的资产价格上涨身价涨了，所以躺赢了。在货币不断增发的时代，单纯地想靠着勤劳工作致富，本来就是不可能的事。

你存钱的速度不但无法跑赢资产价格上涨的速度，更跑不赢全球各国央行印钞机的速度。单靠勤劳就能致富，是一种错觉。不信你看看身边的农民，他们非常勤劳，但一直都不富裕。建筑工人日日搬砖很勤劳,也没有变富裕。

要知道除了少数特殊行业或者拥有特殊技能的金领,基本没有人能单纯靠勤劳工作变得富裕。关于这个问题,华为的余承东曾经说过一句话:"社会上收入高的职业,基本集中在金融、IT、医学和法律,这些都是技能门槛很高的职业。"多数人由于不具备这些技能,不管你在写字楼还是流水线,本质上只是单纯地出卖体力换钱。用体力劳动赚取报酬,人人可行。就像种地和搬砖人人都会,所以其劳动价值很小,可替代性很高。无非是以前人们到农田搬砖[①],现代人们到写字楼搬砖,本质上还是体力劳动。

我们应该明白两件事:写字楼里这些所谓的脑力劳动者,因为没有什么不可替代的技能,本质上也只是在写字楼出卖体力而已。很多人在写字楼进行脑力劳动,和农民种地、流水线组装本质上没有任何区别。无非就是由之前在流水线上的组装,变成了去写字楼组装Word、PPT、Excel。因为很多人没有什么不可替代的特殊技能,所以技术进步、通货膨胀和行业变革,时刻都在让脑力劳动者疲惫不堪,这也是他们一直焦虑的原因。

在过去很多年,很多人一直有个误区,觉得勤劳工作就要多从事直接生产。事实上真正的勤劳工作,是要多做自身积累——资金、资源、技能、人脉的积累。回看历史上任何时期,多数人

[①] 搬砖:搬砖在这里为网络用语,引申为工作辛苦、重复机械、赚钱不多的工作。

从事直接生产都只是出卖体力，用生产换取生存资金而已，完全谈不上资源积累。

多数从事直接生产的群体，只能在行业兴旺，并且同层次劳动者少的时候喝点红利的汤。明白了这一点就应该知道，勤劳工作只是你积累资本和人脉的一种手段，而不是最终目的，不要用这个来感动自己。

二、小老板的日子也很难

既然勤勤恳恳工作很难致富，那我去创业做个小老板，是不是会容易点？其实，创业做小老板也不是那么容易的。从2008年全球央行搞大规模量化宽松开始，时代就已经变了。

不少人应该知道，这几年感觉越来越迷茫的，除了整天担心35岁以后难找到合适工作的上班族，还有各行各业的小老板。尤其是制造业和商贸流通业的小老板们，对此应该感受最深。2008年是大家感觉生意是否好做的分水岭。2001年中国加入世贸组织以后，海外潮水般涌入的订单，消化了过剩产能。那时候是小老板的黄金时代，订单多到根本做不完，小老板们数钱数到手发软。

先了解下产能利用率这个概念，所谓的产能利用率，指的是现有的实际生产能力有多少在正常运转，发挥生产作用。国际通用标准认为，产能利用率低于80%的时候就是产能过剩，低于75%就是严重过剩。

2001年中国加入世贸组织以后，企业产能利用率不断提升。

第五章 财富的深层逻辑

一直到2008年全球金融危机之前，都是在不断上升的。

这个阶段也是制造业企业日子最好过的时候，赚钱最容易的时候。订单不断增多，导致现有产能不足以满足海外需求，所以企业主们不断投资扩大厂房，增加设备和产能。大量的利润流向制造业，也导致了沿海外贸发达地区工人工资显著高于平均水平。以前看过个统计数据说，2001年左右的时候，深圳东莞工人的工资算上加班，一个月大概是一千元，餐厅服务员的工资是八九百元。当时上海的最低工资标准是四百多元，江浙地区老师的工资也不过七八百元。由于那时候广东地区收入显著高于其他地区，吸引了大批外来劳动力不断涌入。当时有句很流行的话叫"东西南北中，发财到广东"，80后熟悉的那本现象级小说《花季·雨季》就描述过这个事。书中的上海人唐艳艳，想尽办法把户口迁到深圳，是一个时代的缩影。

制造业和商贸流通业这种利润大幅流入好日子的转折点，发生在2008年。为应对美国次贷引发的全球金融危机，我们启动了4万亿投资计划，全球央行也都开始大规模搞量化宽松。也就是从2008年开始，全球都已经从靠劳动和勤奋就有机会致富的时代，过渡到必须依靠资本和金融才有机会致富的时代。

至于为什么发生了转折，我们需要通过美国贫富分化图（图2）才能更好地了解。

经济是由生产和消费两部分组成的，要想消费旺盛，就需要人们口袋里有钱。从"一战"以后，美国通过发战争财，拿走了世界的大部分财富，至今一直是世界消费的中心。

图2 收入最高的前10%人群税前收入占比

东亚地区在2000年之后，则变成了世界的生产中心，主要承接西方来的订单。然而消费边际效应是会递减的，尤其反映在日常用品消费上。你再有钱，也不会去趟厕所就用两卷手纸。多数日常消费品，只能是靠大众消费。普通人想要消费，就需要口袋里有钱。

西方贫富分化水平不断上升，带来的结果是西方底层人民的购买力越来越差。大量财富又像1929年大萧条之前一样，集中在欧美的富人手里。这意味着来自欧美的外部订单已经见顶，很难再继续增长了。从统计上看，这个趋势非常明显。

1998年亚洲金融危机以后，我国对欧美地区的外贸增速触底以后开始反弹。

2001年，我国加入WTO后，对欧美地区的外贸交易量迅速增长，到2004年贸易量的增速就已经见顶，之后外贸量的增速开始逐年下滑。

2008年金融危机以后，对欧美地区的外贸交易量剧烈下滑。

2009年，因为全球央行刺激，对欧美地区的外贸交易量迅速反弹。

2010年，在全球央行放水效应刺激下，外贸交易量增速反弹至高位以后，后面的外贸交易量一路下滑至今。

这意味着欧美等国家的需求虽然还在缓慢增长，但增速已经越来越慢了。因为西方整体贫富差距不断扩大，导致老百姓的购买力越发低下。

欧美国家的外部需求增长缓慢，但是我国的供给上升了——这个阶段因为应对美国次贷危机推出4万亿的刺激，我们的产能和供给扩大了很多。

很多人看到2008年之前投身制造业的小老板们赚钱，也纷纷杀进制造业扩张产能，想分一杯羹。2008年之前的情况是，我国的外部需求增多的同时，产能供给也在增多。随着时间的推移，今天的情况变成了需求增速放缓的同时，产能供给却在大幅增长。需求的蛋糕没有快速做大，供应端来吃蛋糕的人却越来越多，生意自然也就越来越难做了。

2008年之后，我们经常听到产能过剩这个词。后面的供给侧改革，就是为解决产能过剩问题的。

资金是逐利的，如果发现投资产能过剩制造业没钱赚，自然就会转换思路，投向利润更高的其他行业。

2008年，那时候经济的驱动除了依靠制造业，另外一个方向就是城镇化和房地产。2008年4万亿发行之后，出现产能过剩，发生的最明显的现象就是资金开始脱离投资实体和制造业，转向炒作房地产和其他各类资产。

这一点在全球范围体现得也很明显，全球各大央行宽松放出来的钱，都被富人拿去炒作资产了。全球开始从2008年之前的按劳分配，逐步转向了2008年之后的按资分配。在按资分配的状态下，不持有资产，单靠勤劳一个因素是很难致富的。再加上整体产能过剩和互联网去中介化的趋势，小老板们觉得生意越来越难做，也就变成了常态。

三、资产价格炒作进一步拉大贫富差距

资金不断涌入资产炒作，有一个明显的现象，很多人的体会很深——2008年以后，手握100万现金的人和手握100万资产的人，距离可以说是急速拉开。

后者只是在2008年，把手里的100万现金变成了房产，就赚到了前者几辈子赚不到的收入。也就是说，2008年开始，全球都已经变成从靠辛勤的劳动就有机会致富，过渡到必须依靠资本才有机会致富的时代。因为资金已经从2008年之前的不断投资制造业获取利润，变成了不断涌入炒作资产价格获取利润，就像美国咆哮的20世纪20年代那样。虽然名义通胀这些年看起来变化不大，但用资产价格衡量，货币的购买力贬值得十分惊人。

以前我们讲过一个费雪公式叫MV=PT。公式中等号的左边M是货币总量，V是货币流通速度；公式等号右边的P是商品和服

务价格，T是商品和服务总量。2008年之后，全球央行都在不断印钞，这导致了全球货币总量M在不断增大。

有一张全球央行资产的统计图（图3），可以看出，2008年以后，全球央行资产规模增加了多少，也可以看出货币总量增加了多少。

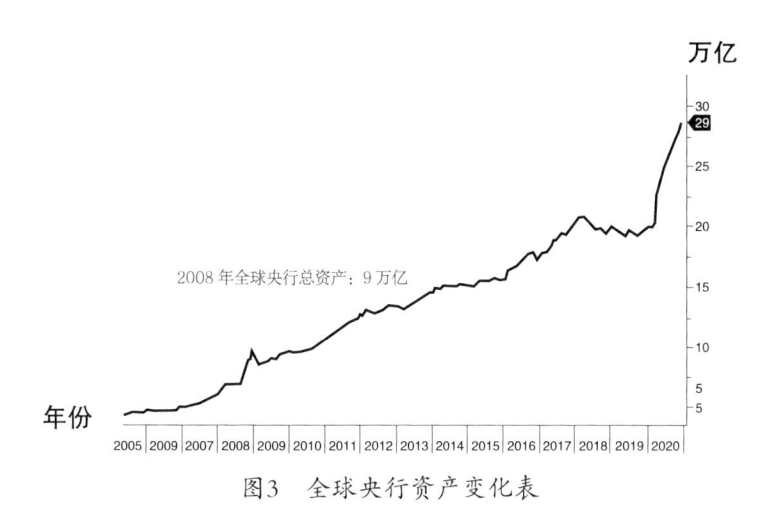

图3　全球央行资产变化表

2008年的时候，一场全球金融危机，使得全球几大央行的资产负债表扩张到9万亿美元的峰值。所有人当时都觉得，这个数字已经高得吓人了，没想到12年后的2020年，全球央行的资产负债表，已经膨胀到29万亿美元，而且还在加速上升。这些钱最终并没有多少流入穷人的口袋，多数都流入富人手里。道理非常简单，离钱最近的人最容易得到钱。就连银行贷款也总是会贷给有钱人，而不是贷给穷人。富人们拿到这些钱以后，拿去炒房炒地炒资产，导致这些钱根本就没有进入流通领域。这些钱都被固化在各种资产里面，这使得货币流通速度V出现持续而缓慢的下降。

把费雪方程式MV=PT拆解一下，得到以下方程式：MV=P1T1+P2T2。这里P1代表的是资产价格，T1是资产总量，P2代表的日常消费品和服务的价格，T2是日常消费品和服务的总量。公式左边M持续扩大的同时，虽然货币流通速度V在缓慢下降，但MV乘积依然是增大的。

资金不断地进入资产获利，在资产总量T1一定的情况下，资产价格P1就在不断增长。导致的结果是P1×T1不断变大的情况下，日常消费品部分的P2×T2保持稳定。而现在统计的通胀数据率，基本都是盯着P2的价格，所以每年看起来都很平稳。然而大家都觉得自己手里的货币贬值速度越来越快，根本不止贬值了所统计的通货膨胀数据率。原因就是P1的增长根本就没统计进通胀数据中，你看到的通胀数据一直是P2。

之前依靠勤劳致富的制造业小老板们，到了2008年以后越来越迷茫，而且一直想不明白的是自己辛辛苦苦做产品，每天担惊受怕地卖货，既担心销路问题，也担心回款的问题。回头一看最后赚的钱，竟然赶不上隔壁老王贷款买套房，而且人家几乎是躺着赚钱。本质原因是时代变了。从美国那边的数据看，也非常明显。

可以说现在全球央行持续地超量货币刺激，很大程度是在奖励富人、机构和企业这些资产持有者，惩罚绝大多数缺乏资产的人。

法国人皮凯蒂写过一本叫作《21世纪资本论》的书,把这个道理也讲得非常清楚。在各国央行大印钞的21世纪,靠勤劳本身发财基本不可能,你需要靠资本获益。从某种意义上说,资产价格上涨的幅度,代表的是全球央行的印钞速度。你工作再勤劳,赚钱的速度能赶上全球央行印钞机的速度吗?

仅仅靠辛勤劳动发家致富基本变得不可能,因为你辛辛苦苦赚钱的速度,完全跟不上全球央行印钞机的驱动下资产价格上涨的速度。

四、普通人厌恶杠杆和风险

想跟上资产价格的涨幅,你手里就要有资产,资产这玩意儿从哪儿来呢?普通人要么是从父辈继承,要么是手里有一定的本金,自己再加杠杆去买。两样都不沾的普通人,是没资格参与这种资产炒作游戏的。这就导致了用资产价格来衡量的贫富差距正在变得越来越大,而且这个趋势不可逆。

以前总听很多人说,如果再给他一次机会回到2008年,一定会多买房,事实上再给他一次机会,他也很难做到。大部分游戏的结果都和初始条件有关。那时候有钱投资房产的,基本是之前就有财富积累的。也就是说2008年想投资买房,要么是之前你自己就赚到点钱了,要么2008年之前你父辈就有点钱了。要是两头都不靠,你就不得不借钱买房,这在当时是非常需要勇气的事。因为你的首付是借来的,已经给自己加了杠杆。首付以后还要再从银行贷款，等于杠杆上加杠杆。当时多数人的工资收入并不高，这时候除了首付的钱想办法要还，还要承担巨大的月供压力。那时候你并不确定自己的工资收入未来一定会上涨，更不确定房价会涨成现在这样，所以多数人当时并没有勇气做这件事。即使这个游戏再来一次，很多人依然是输家，因为巨大的不确定性和杠杆压力让他们不敢下注，多数普通人是非常厌恶风险和杠杆的。然而这些东西恰恰是加速贫富分化的利器。买过房子的人应该都知道杠杆意味着什么。普通人买房贷款，通常需要首付30%，也就是三倍多杠杆。这通常是绝大多数人一生中能用到的最高的杠杆率了。当然有些炒房客会通过信用卡套现做首付，把杠杆做到十倍以上，不过这不是常规操作。

一个人拿着正常的杠杆买房，对收益率的提升可以有多大？假如你在一线城市付了三成首付，买了套1000万的房，恰好买在2016年房价刚准备起飞的时候。两年以后房价翻倍了，这意味着你付出了300万首付成本和700万房贷，以及两年的利息，就拥有了2000万的资产。这时候如果卖掉，那么你两年的收益率是多少呢？大概是4.33倍。这里你投入的本金越少，意味着杠杆越大，遇到上涨，你的收益倍数就会越大。如果只有一成首付的话，那你的收益率就会迅速放大到13倍。这还只是炒房，仅仅这个收益，你勤劳工作一辈子赚的钱也难以超越。从资本逐利的角度来说，必定是希望杠杆越高越好。杠杆从哪里来呢？通过银行贷款和其他渠道融资。然而富人们用杠杆折腾的可不仅是炒房，炒房对他们来说实在是太小儿科了。前几年某明星想用几十亿资金收购某个实体，当时收购需要几十亿的资金，使用的本金只有几千万，这等于说是放了几十倍的杠杆。这意味着股价每上涨2%，这几千万的本金就会翻番。当然了，跌2%也意味着6000万本金没有了。

可以看出，这些年多数发财的富人都非常依赖杠杆，也就是需要借别人的钱赚钱。对杠杆的依赖，也导致了这批高杠杆的富人对贷款和利息非常敏感。基本上"首富"和"首负"的转换，就在一夜之间。

只要银行收贷或者加息，很多高杠杆的游戏马上就玩不下去了，因为这会严重影响借钱的难易程度和利息的高低。这也是为什么每次国家通过加息搞调控和去杠杆的时候，我们会看到到处都在爆雷[①]。

最典型的就是2018年开始去杠杆以后，就到处听到高杠杆企业爆雷的事。

去杠杆和加杠杆，都是在社会的经济进程中不断交替进行的，从来没有一直加杠杆的时期，也没有不停去杠杆的时期。你的使命就是在加杠杆到来之前上车，在去杠杆的时候下车。这个原则不但适用于富人，而且适用于普通人，因为多数时候我们赚的不过是央行"放水"的钱。不过杠杆这玩意儿通常普通人没啥感觉，因为普通人非常讨厌借钱。

[①] 爆雷：金融术语，网络流行词，一般指的是P2P平台因为逾期兑付或经营不善问题，未能偿付投资人本金利息，而出现的平台停业、清盘、法人跑路、平台失联、倒闭等问题。爆雷的延伸意义包含企业在经营上出现的重大问题。

尾声

有人难免发出疑问，既然劳动收入永远赶不上资本收入，我们勤劳工作还有什么意义？还不如就此躺平做条咸鱼。勤劳工作当然是有意义的，首先是勤劳工作可以增加收入，改善你的生活质量，保证你的下限。其次是对多数父辈没有积累的人来说，必须依靠勤劳和节俭积攒投资需要的本金。要知道投资的前提是有资可投，手里没有本金，你靠什么东西来买进资产，只能是一辈子靠劳动时间换钱。不过单靠勤劳和工资是不能致富的，想致富需要的是你自身的积累和投资，还有能驾驭的杠杆。这里的积累包含两个方面，一方面是本金的积累，一方面是知识和人脉的积累。

有了起步的本金和相应的知识，遇到机会的时候你才能把握住，并且从容出手。就像我在《消费主义陷阱》里说的一样："对于多数刚起步积蓄不多的中产和年轻人，除了努力提高收入，开始阶段唯一的理财就是减少没必要的花费，控制好自己的消费欲望。有了一定资本积累以后，才有学理财投资技能的基础，不然是没钱理财的。理财投资本身是智力的游戏，有了资本以后试着去触探自己智力的边界。在这个过程中和时机赛跑，不但能缓解焦虑感和不安全感，预期或超预期的实现也带来了很多乐趣。到了这个阶段，你会发觉人生豁然开朗。"

和积攒本金同样重要的是知识的积累。如果只是积攒了点本金，自身知识却不具备，机会来了多数也是没有用的。这道理就像我之前讲过的："金融市场最大的魅力在于，只要你认知到位，就永远不缺赚钱的机会。金融市场最大的遗憾就在于，即使别人把机会告诉你，认知不到位也赚不到钱。"

最后还有个杠杆问题，这里说的杠杆，不只是资金杠杆，还包含其他方面的杠杆。每个人可以根据自己的情况，选择怎么给自己加杠杆。

首先是劳动的杠杆，因为一个人的时间和精力都是有限的，只有通过给劳动加杠杆，才能获得更大的收益。你可以选择通过雇佣劳动产生杠杆，也可以选择团队管理给自己加杠杆。

雇佣劳动就是自己创业做老板，或者你到公司上班并且做到管理层。你在一家企业做技术收入是稳定的，出多少力赚多少钱，如果你成为管理人员，团队的业绩就是你的业绩。等于你不是单打独斗，占有了别人的劳动做自己的业绩，所以团队的锅你也要背。

其次要学会用资本加杠杆，比如房子贷款、股票融资都是资本的杠杆。你在资产价格低位要敢买下重注，下重注激进的人可以考虑加杠杆。加杠杆要控制好你下注时的现金流和杠杆率，因为杠杆率太高或者现金流跟不上，很容易在低位震荡的时候就"平仓"了。如果你杠杆率控制得好，你在低价位购买的资产几年以后涨起来，你就能上一个台阶。

最后是互联网的杠杆。我经常强调，大家要学会滚自己的雪球，多做投入小、边际杠杆大的东西，这点在互联网时代尤为重要，因为互联网时代很多逻辑完全变了。随着基础通信设施的普及和流量越来越便宜，手机已经变成最大的销售渠道，连接消费者的是各种平台和平台上的大V和网红。你不需要有多高的水平,也不需要多好的文采,只要你能打动人心,就能和人群建立联结,你联结的人越多,你的口碑越好,价值就越大。之后你做什么都很容易——联结本身还会自我裂变,比如你会把认可的东西推荐给朋友,朋友又会推荐朋友。

这个过程会像滚雪球一样越来越大。

一个人能承载的财富总量是认知决定的,认知则是由读书的积累和实践的积累决定的。你永远难以赚到超过你认知的钱。

如果你常读历史,会发觉经济周期里很多事情不过是个轮回,加速这个轮回的通常是政策。学会理解政策红利并从中获益,这是每个人一生都要学习的。我们不能改变未来的趋势和方向,但是可以洞悉政策的红利在哪里。尤其在GDP增速慢下来以后,看懂政策的红利在哪里并从中受益是一项重要的能力。

如果现行政策持续,未来摆在面前最大的机会依然在资本市场,全球资本市场的主要洼地,则是在经济复苏驱动背景下的中国[1]。

多数人赚大钱,赚的是政策红利的钱,赚的是央行"放水"和"收水"的钱,而且是重复又重复。

---

[1] 经济复苏驱动:就是疫情爆发至今,中国控制良好,生产力全面恢复,国外订单涌入。经济复苏导致资金流入资本市场,推高估值,所以叫经济复苏驱动背景下的中国。

拥有理想的财富，是需要学习的

有位读者告诉我，他从不过度消费，总是把钱存在银行里，但他感觉钱放在银行里不断贬值，永远也不可能通过存钱致富，但是他又不知道自己哪儿错了。其实，这也是很多人的困惑。问这个问题的读者不明白的点在于，努力存钱到底是为什么？存钱从来不是单纯为了存钱，而是为了积攒本金之后在正确的时间买正确的资产，不然存钱就变成了补贴富人的行为。

以前看过冯小刚拍的一部电影《一九四二》，片子结束的时候，电影中因为灾难而变穷的地主说了句话，"我知道怎么从一个穷人变成财主，不出十年，你大爷我还是东家"。

很多人看了以后不以为然，以为这个落魄的地主瞎说，哪有什么致富妙招能让穷人变财主的。其实他说的话没错。

很多人不以为然，是因为他们从来没搞清楚一件事，做穷人是不需要学习的，每个人天生就会。但想要从穷人变成富人是需要学习的，穷人自己从来没有亲历过怎样由穷变富，所以才认为落魄的地主瞎说。

以前看过一部电视剧，里面有一幕是个为富不仁的地主和手下的小弟唠嗑。小弟说，今年怎么又是灾年？收成不好，这些穷人赚不到钱，哪有钱买咱们的东西。您看咱家门口，怎么都是要饭的。

为富不仁的地主说，你懂个什么，知道外面要饭的是什么吗？那是财神爷！他们要是活不下去了，就得卖田卖地卖儿卖女。他们卖，咱们收。每次大灾都是发大财的机会。等灾荒过去了，咱们就有了万顷良田。那是什么？在好年景那就是钱。

这段对白简单粗暴，却告诉我们一个深刻的道理。民国时候每次闹饥荒都是有钱人和恶霸们低价囤积穷人土地，这是变得更有钱的契机。危机从来不是大家一起不行，而是弱者先不行。弱者不行了以后，资产就被强人收去了，强人会越来越强。

全世界财富分配的历史都是这么写的。现在，全球出现经济危机的时候，大企业就会趁机收购廉价的资产，之后他们等待时机，一旦资产上涨，再抛售给人们，完成一次财富增值。富人是怎么变富的？除去积攒资本获得的第一桶金，就是等待危机收购廉价资产。

很多人总以为投资有很多奥秘，其实并没太多秘密，其本质不过是高抛低吸。再结合经济周期和政策红利，这就是长期投资的全部奥秘。

大部分人觉得收资产是大富豪玩的，普通人玩不了。其实不管任何人，投资的原理是一样的。普通人先积攒本金，等大波动来了，根据自己手里的钱去抄底资产（一般是人口聚集城市的房子）。有钱就买大点的，没钱就买个小的，等钱多一点慢慢换个大的。几个周期下来，手头就有不少资产了。

从经济的角度说，每隔几年就会有一次大的波动和危机。这就是为什么我们一次又一次强调，最适合普通人的操作是在危机前积攒足够的本金，有机会就跟着政策的红利赚钱。等到危机来了，在自己的现金流能支撑的情况下大量买进折价资产，后面景气的周期来了，这些资产价格自然就会随着经济周期膨胀。比如2008年底富起来的一批人，很多是在一片哀号声的时候敢于买房买股抄底从而变富。

普通人和富人最大的区别就是普通人不知道存钱最终的目的是在低位收资产，让自己手里的钱膨胀。很多人过得很节俭，也能存钱，但是不知道收资产，最后攒的那点钱被货币贬值消耗完了。虽然投资的逻辑听起来很容易，但是实际操作并没有那么容易，是需要学习实践的。

这两年最让人叹息的就是有不少想暴富的人，从乱七八糟的途径学会了一点收资产的技能，还把技能点学歪了，时间点选错了，方法搞错了，最后高位加杠杆爆仓了。

其实，学习成为富人的过程，需要自己的悟性和各种知识的积累，需要名师指点，有时候还需要点运气，最好是父母这辈就已经开始学习并明白这个道理，然后灌输给孩子。我在前面也说过，中等收入阶层最重要的是把实业、楼市、股市三个技能中的任意一个自己先融会贯通，之后再教给孩子，这比单单为了找工作参加教育培训重要得多。

为什么买单的总是你

以前很多人都说知乎是义务劳动,基本赚不到钱。但是身边有个小伙伴通过回答问题带货,赚了不少佣金。

现在很多人在买东西的时候,不知道如何选择,有时候会跑去知乎搜一下答案。他就专门通过回答问题的方式,引导读者购买产品,每个月的佣金有五六万。

有人说想在知乎拿佣金,前期需要投入大量的时间、精力,因为知乎的好物分享,要达到某一等级才能开通。前期需要付出大量的时间和精力积累内容攒粉丝,才能赚到后续的钱。其实做任何行业都是这样,现在这个信息透明、竞争充分的年代,天下哪有白来的钱呢?如果你是个没什么积累的人,还想在充分竞争的领域赚到钱,无异于痴人说梦。只有在一个行业有足够的积累和沉淀,恰好风口也来了,才具备赚钱的可能性。

大多数能在2020年疫情期间做口罩赚到钱的人,基本上以前就在这个行业有多年的积累。

我自己认识两个2020年做口罩暴富的人,都是之前开口罩厂熬了不少年头的。中间一度因为做口罩竞争太激烈、利润太薄，想要关门停产。后面疫情来了，口罩需求和价格突然暴涨，几个月就赚到了一辈子的钱。其中一位还在行业外小白纷纷入场的时候，高价把口罩厂卖掉了。这也是为什么之前有人问我能不能投资口罩厂和熔喷布，我告诉他千万别投。

新手对陌生行业总是充满了幻想，高估所谓的"机会"。而有经验的人可能因为经历太多，从来都是充满谨慎，不再抱有幻想。

在我的认知里，所有能在一个行业赚到钱的人，原本就是这个行业的人。

拿上面说的口罩熔喷布来说，太多原本不是这个行业的人，看到疫情期间因大量需要口罩产生的暴利砸钱投入进来，最后的结果是都亏进去了。最终在里面赚大钱出来的人，基本原来都是做口罩的。

在风口中能起来的，除了少数天才，多数都是已经蛰伏很久的。只有浸淫得够久，才能摸到其中的门道与技巧，本质上这也是赚信息差的钱。通常，机会都是被那些一直在牌桌上，没有下过桌的人拿到。还没上桌的人，看到哪桌火热，就凑到哪桌去，一般只会得到热闹。最终不但拿不到任何利益，还会成了为别人买单的那个。

虽然说猪在风口里也能飞起来，但你如果是头生猪，最后只能摔下去。

所有行业的底层逻辑都是一样的，股票投资也是这个道理。

太多人只看到贼吃肉，看不到贼挨揍。只想着靠运气爆发，想不到之前的努力积累。

炒股可以说是入门门槛最低、赚钱难度最大的游戏之一。只要有部手机就能开户入市，但是赚钱没那么容易。从统计上说，基本上是十个人里面，一个赚、两个平、七个亏的比例。能赚钱的，基本上都有自己的一套方法，知道什么时候该进入，什么时候该退出。

为什么做交易这件事很难盈利？以前有个厉害的人说过一句话非常好——一个完善的交易系统必须是包括初始资金、入场信号、止损条件、止盈信号、加减仓五位一体的系统。不可能先解决了其中的某一个问题，再去解决其他的问题。这里面所有的关节必须都要打通，你才能盈利。只会入仓，一次深度亏损就会把你踢出局；只会止损，那是越止越损。自行车环扣每一环都要链上，才能骑走。

看别人吃肉确实容易，又何曾想别人付出了多少。就因为很多人总想轻松赚钱，最终才让别人把他的钱都赢了。

所谓的好运气通常是：机会到来的时候，恰好撞上了你所有的努力。

分清资产和负债的区别是进阶的第一步

沃伦·巴菲特曾经说过一句话，任何不能产生现金流的都不能叫资产，只能叫筹码。

小时候只知道巴菲特是投资大师，但一直不太懂他这句话，直到有一天看了《富爸爸穷爸爸》才懂得。这本书最重要的就是这句话："你必须明白资产和负债的区别，并且尽可能地购买资产。如果你想致富，这一点你必须知道。这就是第一号规则，也是仅有的一条规则，大多数人就是因为不清楚资产与负债之间的区别而苦苦挣扎在财务问题里。"

一

"富人获得资产，而穷人和中产阶层获得债务，只不过他们以为那些就是资产。"听起来很简单的道理，为什么多数人难以掌握？为什么不少人会买一些其实是负债的资产呢？

因为每个人受的教育是不一样的，很多时候，你向一个成年人解释什么是资产、什么是负债也是一件困难的事。因为他们从小受过各种教育，接受了各种观念，心里根深蒂固的观念很难打破。

另外，资产的概念是变化的。比如以前很流行那句"一铺养三代"，在当时那个年代确实是对的。但现在很多商铺变成了陷阱，以前大家脑子里根深蒂固的资产，现在如果买得位置不对，很可能就变成负债了。

理解这个问题，首先要明白一个资产负债表的概念。每个人都有一张资产负债表，一边是资产，一边是负债。如果你想变富，只需要在一生中不断地买入资产。如果想变穷，那就不停地买入负债。因为不知道资产和负债两者的区别，人们常常把负债当资产买进，导致世界上绝大多数人在财务问题中挣扎。

资产能把钱放进你的口袋，还能不断产生现金流。负债能把钱从你的口袋取走，还能不断吃掉现金流。

《富爸爸穷爸爸》这本书里有几张经典的资产负债表和现金流向图，很有参考意义。

图4是普通人的资产负债表和现金流向图：

第五章 财富的深层逻辑

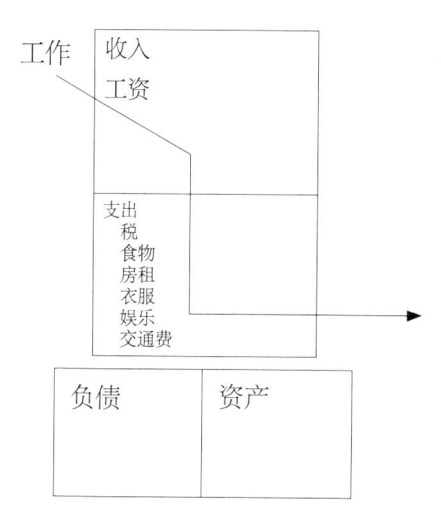

图4 普通人的资产负债表和现金流向图

图5是中等收入阶层的资产负债表和现金流向图（不过这张图更像西方大多数中等收入阶层的情况，我国中等收入阶层一般在资产栏里有房产一项）：

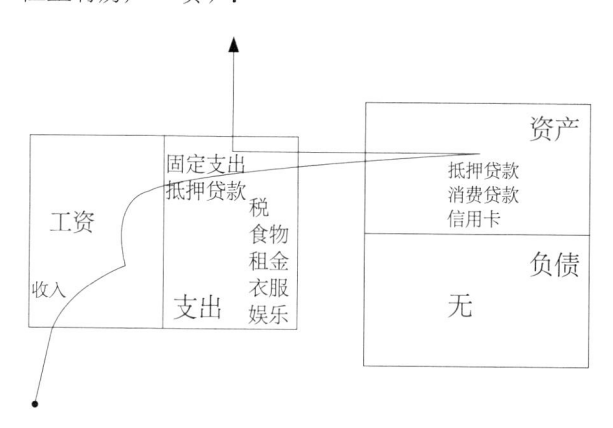

图5 中等收入阶层现金流向图

167

图6是富人的资产负债表和现金流向图（书中富人的现金流向图，负债这一块和我国的情况也不太一致。我国的多数富人会根据自己的现金流大小买入资产再加杠杆以求增值）。

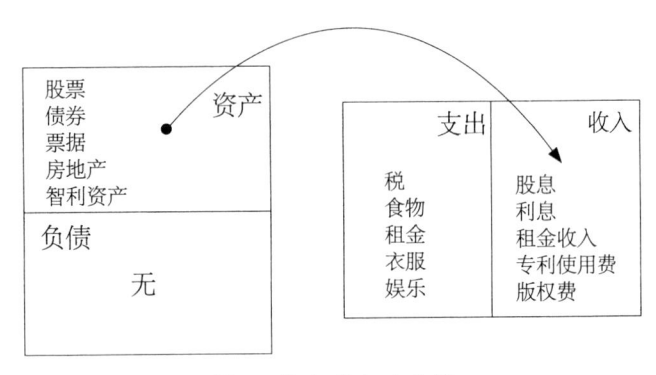

```
┌─────────────────────┐      ┌─────────────────────┐
│ 股票        资产    │      │ 支出        收入    │
│ 债券                │      │                     │
│ 票据                │      │ 税         股息     │
│ 房地产              │      │ 食物       利息     │
│ 智利资产            │      │ 租金       租金收入 │
├─────────────────────┤      │ 衣服       专利使用费│
│ 负债                │      │ 娱乐       版权费   │
│      无             │      │                     │
│                     │      │                     │
└─────────────────────┘      └─────────────────────┘
```

图6　富人现金流向图

图4、图5、图6展示了普通人、中等收入阶层和富人一生的现金流，也说清楚了一个人的钱从哪儿来，拿到这些钱以后又怎么处理到手的钱。

每个人都应该列一下自己的资产负债表，之后会更清楚自己的资产状况。当一个人每个月的资产负债表下面负债占多数，说明他的生活中有很多不好的习惯，比如因为攀比或者其他非投资目的买入超出自己收入水平的奢侈品。

当你列出资产负债表，就知道自己的生活是什么状况，也会知道为什么自己工资虽然变高了，但是生活压力变大了。

整理完你会发现，以前常有人说的那句"钱是赚出来的，不是省出来的"有多荒谬。因为多数人的水平收入提升都是有限的，永远不会节制自己的欲望，总是入不敷出吃干喝尽，就永远都是穷人。开源能力有天花板，那就只能节流，有了结余才能有本金投资资产，从而逐渐变富。

为什么不少人突然得到一笔意外之财，比如得到遗产、遇到拆迁、中了彩票，之后很快又变成穷人，财务状况甚至比以前更糟糕？

因为钱只是让你头脑中固有的现金流向图更明显，并不会改变你的消费和投资习惯。如果你脑子里的现金流向图，是把收入都花掉，那么轻易得到一大笔钱以后，你会变本加厉地花钱折腾。最终的结果一般是得到了一大笔收入的同时，支出会暴增。然后没多久你就会发觉，钱竟然花光了。由奢入俭难，很多人又开始借债，于是到后面越来越落魄。

这也是我们以前说过很多次的，财富一直都是猛兽，只属于能降服它的人。突然得到更多的钱从来不能解决啥问题，可能让你舒服一阵，但这些意外得来的财富多数时候只会让你人性中的弱点暴露得更彻底，意外到手的财富很快又灰飞烟灭。

二

上面图4、图5和图6中，最值得观察的是现金流向。

穷人的现金流向没什么可说的，因为收入都不够支出，根本没办法改变现状。他们首先要做的是开源节流，提高收入存钱积攒本金，然后才能考虑下一步。

中等收入阶层的群体工作不错，收入也可以，但还是没什么结余。他们往往最焦虑，总觉得自己财务很紧张，没安全感。中等收入阶层的投资意识很强，多数人都受过良好的教育，每天获得的各种信息也挺多，他们很清楚多出来的钱要做投资钱生钱。一做投资，问题就来了。他们经常会投到一些莫名其妙的东西上，比如以前P2P最大的受害者基本上都是中等收入群体。

中等收入群体虽然受过良好的职业教育，但是他们在学校里学的往往是怎么成为一个优秀的员工，他们从来没受过财商教育，所以经常辨别不清楚什么类型的投资是存在巨大风险的。更让人不可思议的是，他们经常把工资积蓄投入看似资产负债中去，还觉得理所当然。

举个例子，有句被中等收入阶层视为真理的话是，教育是最好的投资，所以很多人就开始不计成本给孩子的教育进行投资。可投资是要讲回报的，投资没有回报不就是投资失败吗？

天赋一般的孩子去学艺术，家境一般的家庭花费巨资让孩子去留学，就属于典型的将大把时间和金钱跟风砸到"看似资产的负债"，却难以见到收益。

另外一件事就是很多中等收入阶层在买房买车上并不理智。买房当资产并没什么错，毕竟过去的二十年是我们国家房地产高速发展的时代，随便买个房子就能赚钱。不过未来还是要做选择的，以后能够作为资产被买入的房子主要在人口聚集的一、二线城市，多数三、四线的房子只能当消费品。

年轻人没有足够的收入前就买车，并且把车当资产就是不理

第五章 财富的深层逻辑

智的决定，除非你的车有重要用途，或者能做生产资料。

大多数年轻人买车是很愚笨的财务决策。假如你买来一辆20万的车，从你开出4S店起，就开始贬值了。如果8年报废的话，每年车的贬值近3万，算上汽油、罚单、保险、停车钱，一年按照支出1.5万计算并不算多，等于你一年固定支出多了5万元。很多年轻人的父亲或者母亲的退休金一个月也就四五千元，等于你这辆车一年赔掉你父母一个人的退休金。多数工薪家庭其实多辆车就是多个吞金兽。

车是一种提高生活品质的消费品、代步工具，是一个年轻人需要达到一定财富水平之后才应该考虑的事。

也许你会有这样的疑问：富人不是有更大的房子，花更多的钱用在孩子的教育上，并且有更豪华的车吗？这不是更大的负债吗？

有这样一句话说得很贴切：穷人拿工资买奢侈品，富人拿资产产生的现金流买奢侈品。富人确实会买入更大的负债，比如游艇、私人飞机，问题是富人都是先投资了资产，等资产产生足够大的现金流，才会用资产收入去买这些负债。

想要变成富人，就要学会改变现金流生成的方式。富人在靠资产带来的现金流收入负担生活的同时，把结余的现金流继续加杠杆买入资产，随着资产升值变得越来越富。

很多中等收入阶层用他们可能比普通人更辛苦赚到的钱购买了看似资产的负债，而且不管他们工作还是休息的时候，负债都在帮他们大把花钱。

虽然越来越忙碌，但工作的目的都是在弥补负债带来的大量支出，因为这些负债每个月都会帮中等收入阶层花掉不少钱。上面所说的教育和车子都是典型的例子。

最后中等收入阶层并没有比穷人多出更多的钱来投资真正的资产，所以到后面遇到35岁职业危机时，各种问题就都来了。

更让人哭笑不得的是，中等收入阶层身边经常有一群同样把负债当作资产的小伙伴，在给他们提很多善意却错误的意见。

三

有的时候，资产和负债只有一线之差，有的负债看起来就像资产。另外，有时候，资产可能随着外部条件的变化会成为负债。

比如现金不一定是资产，也可能是负债，在通胀比较高的国家，如果你把钱一直存银行，那它就是一种负债，因为通胀会不停地偷走你的钱。在金融危机的时候，现金又和黄金一样变成了最好最保值的资产，因为其他资产价格都在下跌，你的现金购买力在上升。

说到这个，又要绕回到存钱是为了什么的问题了。以前有理财专家让大家存钱，但是很多人不明白存钱到底是为了什么。存钱从来不是单纯地让你存银行之后什么都不管了，存钱的目的是让你积攒本金。这笔钱能够保值就非常理想了，最重要的是当经济不景气的时候，资产就会打折，这个时候要把存起来的钱拿来买资产，景气的时候享受资产溢价，你手里的钱才能变多。

第五章　财富的深层逻辑

《富爸爸穷爸爸》的作者也讲了一个自己的案例。经济不好、房价低迷的时候，他所在城市里原本价值10万美元的房子降价到了7.5万美元。作者并没有找本地房产公司买进地产，而是跑去破产律师和法院那里找更便宜的房子。在他们那里，类似的房子只要3万美元，作者用了2000美元的定金进行购买，通过登报，最终成功以6万美元的价格卖了出去。

当然，书里的案例并不能复制，不过规律不会变。经济不景气的时候，对于投资者来说是一个绝好的买入资产良机，很多不懂的人往往在这个时候更悲观，还不停地告诉别人未来会有多惨。

从中等收入阶层到富人的过程是漫长的，在这个过程中始终坚持投资在资产项的人会发现，资产项带来的收入会慢慢超越中等收入阶层的工资水平。这时候，他们就可以放弃工资收入，专心寻找带来现金流但是被低估的资产，他们的好日子也就来了。

到了这个阶段，他们不但有良好的现金流收入和明确的财务计划，之前还经历过从中等收入阶层到富人的投资训练，有着更加敏锐的眼光和思维方式去寻找真正低估的资产，能回避"看似资产的负债"。

经历几次经济波动之后，这批人就能把自己手里的资产从小换大，产生更大的现金流，同时保持对资产的掌控力，成为真正的富人。

这时候不管他们是在工作还是休息，手里的资产都在帮他们赚钱，身边信息渠道又通畅，一批天天琢磨资产配置的人会聚集在一起琢磨机会。

这时应该也会理解文章开头巴菲特的那句话，也应该看懂老巴和李嘉诚大量买进公用事业的原因，从思想和物质走向真正的自由。

总之要记住，搞清楚资产和负债是你进阶的第一步。

副业创收的误区

多数人的职业生涯都很难画上完美句号——有些人告诉你,努力提升自己,让自己成为企业不可替代的人,这种说法听听也就罢了。大公司不可能让你不可或缺,每个人都是流水线上的螺丝钉,离开了平台你的价值就变得很小。多数的小公司,你又难以获得核心的竞争力。甚至很多巨头企业的管理层被裁以后也找不到合适的出路。

以前我有个朋友是一家外资公司的中国区首席代表,奔五的年龄拿着200万的年薪,每天过得心惊胆战。亚洲区已经是集团唯一业绩有增长的市场,可他依然被辞退了。因为这家外资公司整体增速不过关,CEO需要找个替罪羊,他年纪最大又工资最高,最后首当其冲被裁员了。他被裁后也求过职,年薪打个五折都找不到同级别的工作,最后无奈,他只有去创业。

为了避免职场的中年危机,一个人不管是上班还是准备创业,都该用业余时间培养自己的副业,利用自己的技能、经验和资源做一些可积累的事,并且积累得越早越好。

中年职场危机的来源

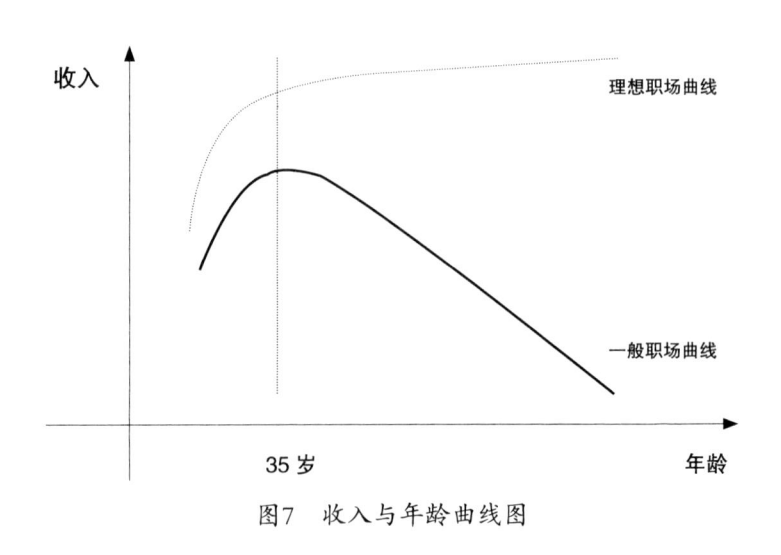

图7 收入与年龄曲线图

如果你研究过收入—年龄曲线，会发现一个35岁定律。多数人到了35岁，收入就是顶峰了，往后的收入不一定增加，还很可能减少。

本质上，35岁定律是一个收入定律。虽然大家都觉得35岁人到中年，收入被降低或者被公司裁很不人道，不过站在公司的角度，你干了十年还是老样子，基本能力一般，和28岁没区别，干的活差不多也是28岁的人能干的，还不如找个工资更低、性价比更高的人来替代你。

一个人35岁以后，待遇低了没法生存，他正处在上有老下有小的年龄，他不得不面对家庭一堆的杂事，难以静心来做事。可是这个年龄的人，公司也不愿意开很高的薪水——很多人年龄大了成了老油条，不是没有精力加班，就是没有加班的激情，于是公司趁着人口红利在，能换人就赶紧换。在这个年龄阶段，很多人难以受到公司的欢迎——公司的管理层觉得一个人年龄大了也难以管理，如果这个人完不成任务，作为管理层的人甚至比这个人年龄还小，也不好督促和批评，可是不督促和批评又难以完成任务。所以很多公司在招聘启事上对年龄有明确的要求：35岁以下。

一个人到了35岁，在职场上往往自己心理也不平衡，觉得自己只长年龄了，却没涨薪水。可他的知识和能力并没涨，所以单位很难给他增加薪水。

说到底，多数中年人在职场的危机，源于在用前面25年学会的知识支撑后面35年的日子（按照一个人60岁退休计算）。多数人20多岁毕业以后就停止了学习，变成一个封闭系统，日复一日地重复着同样的生活，知识结构不更新，也很少接触新的东西，不管是知识水平还是人际圈层，都停留在过去某一个时间节点。人们常说的"30岁就死了"，说的就是这回事。这种状况可以用熵增来解释。

"熵"，表示的是事物的混乱和无序的程度，在封闭系统下，熵不断增加，事物不断地走向自毁。当熵达到最大值时，系统会出现严重混乱，最后走向死亡。这就是物理学的熵增定律，也叫"热力学第二定律"。为了改变这种状态，我们需要通过外力输入做出改变：通过引入负熵流形成"耗散结构"，打破熵增定律的封闭系统，与外界产生物质交换。这就像发动机需要隔一段时间加一次汽油，人要一日三餐，都属于输入能力，对抗熵增。

同样，新知识和新技能的学习，以及新信息的输入，都是在引入"负熵流"对抗熵增。只有能持续输入负熵流的系统或者个人才会越发强大，能够对抗人生中可能出现的各种问题。

关于这一点，任正非有过一段生动比喻："你每天去锻炼跑步，就是对身体引入负熵流形成耗散结构打破熵增。为什么呢？你身体能量多了，把它耗散了，变成肌肉，通过血液循环掉，能量消耗掉了，糖尿病不会有了，肥胖病也不会有了，身体也苗条了，漂亮了。"

想要拥有更好的身材、活得更为长久，我们就用"锻炼"对抗熵增；想要升职加薪、更好地生活，我们就用"深度学习"对抗熵增；想要更亲密的关系，我们就用"多联系多走动"来反熵增。如果没有负熵流对抗熵增，也就意味着不再接受新信息和新挑战，不再学习进步，依靠过去那点积累活着，最后像蜡烛一样烧成灰慢慢熄灭。

不过对抗熵增大多数人做不到，因为这是反人性的。人性的弱点是好吃懒做，喜欢消费和享受，充满好奇心，喜欢八卦，矫情。

对多数人来说，玩游戏看电影很爽，学习和锻炼都是水深火热的事情。大多数人年轻时候由于知识层次和审美层次的问题，从小就对社会现实层面的知识完全没兴趣。另外，由于商家的宣传,导致多数人对浪漫、消费、文艺、旅行心生向往。

熵增是自然规律,一个人往更"低"的方向发展也是自然趋势,在商家的引导下这些弱点还会被放大。如果一个人对这些现象没有深刻的认知,并且没有想办法改变,到了一定年纪突然发现什么也没准备好,大环境却变了,中年危机自然就来了。

方向为什么错了

在中年危机之下,很多人开始病急乱投医,副业一夜之间就成了社交媒体最热门的话题。到处都有人在教你搞副业,到处可以看到副业改变人生的说法。

有些人看到了中年人的危机感带来的商机,摇身一变成为教人创业的导师,他们纷纷打出599元的学费圆你一个副业梦,2999元教你学会写自媒体文章跨越阶层。一说起网络副业,他们就是教人在自媒体上写文章赚钱。他们的理论是读者多了,你就可以时不时发个广告赚钱,走向人生巅峰。

多数没有创作的人并不知道,做内容输出的能力靠的是长年累月的积累,靠几天的培训显然无法成为高水平的作者。

2019年6月,知乎有人做了个表,统计了被点赞最多的100个作者。有趣的是,这张表上的人几年来没有太大的变化,并且他们成名多数靠的并不是知乎。排名第一的张佳玮早在2002年新概念作文大赛中就已经成名。排名第二的seasee youl早在2012年就在猫扑原创成名。排名第三的VCZH写了十多年技术博客,早就在技术圈成名了。这些大V虽然是在知乎被大家熟知,但是在没有来知乎之前，他们早就是小有名气的作者了。很多看起来刚成名的作者，多数是几年前就已经开始积累。魔幻的是，现在几乎不懂自媒体的人却来教你怎么做自媒体变现。

在知乎网站上搜一下关键字"小白如何从零开始运营一个公众号"，点赞最高的这位博主有7900赞，下面400多条评论向她请教如何在自媒体上有所成就。我打开她微信公众号看了下，仅有200多的阅读量！然而她能信心十足地教人运营自媒体商业变现，真是匪夷所思。

除了有人教人做自媒体，还有人收费教人运营网店做副业。没做过网店的人怕是不知道现在电商运营成本有多高，开设一个店铺是花不了多少钱，但让顾客看到你的商品是要花钱的。你需要买关键词买直通车买竞价排名打通流量入口。一次点击几元到十几元不等，仅仅在竞价排名上花费的款项，一年几十万也不够用。

在网上开展副业，首先要解决的就是内容和流量问题。好的内容没有积累难以产生，没有人因为没有好内容却能把自己变成流量入口。现在购买流量很贵，所以在网上创业并不容易。

线上做副业行不通，线下是不是好一点呢？很多人想在线下做个副业，但是又不懂行，往往去找可以培训全套技术的连锁店加盟。可是你不知道加盟陷阱到底有多少：以前我住的家门口有个驴肉火烧店，因为味道一般，每天没几个客人，看着要倒闭的样子。老板倒是不着急，虽然生意不咋好，看起来也没耽误赚钱，先是换了好车，后面换了房子。我一直好奇他的利润哪儿来的。机缘巧合和老板熟了，不经意问了一句，才发觉其中的奥秘——他的收入来源不是卖驴肉火烧，而是靠培训。一年培训二三十个想开驴肉火烧店的，每个人能收3.5万元，临走还能卖点厨房设备给学员，加起来近4万元。至于学员怎么来的，他没有说我也没有问，这是他的核心商业机密。

这个驴肉火烧的加盟培训，和其他传统的加盟连锁模式一样。你要交培训费、加盟费、装修费，每个月再通过卖给你原材料赚一笔钱。当然更多的加盟连锁本来也不是靠卖产品赚钱的，而是靠加盟费和装修费来盈利的。

真盈利的餐饮企业允许他人加盟的是极少的，完全没经验的行业小白哪儿那么容易做实体店？以饭店为例，你仔细观察一下商业街上饭店更替的速度就知道，这边老店不断关门，那边新店不断开张，间隔周期一般是一年半。类似的还有咖啡店、花店。在这种有经验的人扎堆的成熟行业里，新手基本上赚不到钱。

只有新兴行业才能让新手赚到钱，比如几年前的跨境电商、区块链。因为没有人有经验积累，大家都是新手，所以站在了同一起跑线上。

之前有人问我，我是普通上班族，一直有个想法，开一个餐饮小店作为自己的副业，可行吗？我告诉他，业余时间开餐饮小店赚钱是异想天开——如果想让餐饮店赚钱，就需要老板亲力亲为，每天累得筋疲力尽。如果餐饮店经营得不是特别火，基本只能赚到自己的工资，否则多雇一个人都是亏损。只有没做过小生意人，才会幻想着业余的时间开个小店赚钱。

关于如何做副业的话题热闹非凡，但少有人通过副业走向成功的人生，大多数人只是交了智商税——有的人是花了很多钱学习各种没用的课程，有的人去开实体店，结果浪费了大笔的积蓄。原因很简单，一旦进入陌生领域，是很难赚到钱的。

多数人的成功来自对自己既有优势的把握，来自对自己擅长领域的挖掘。如果一件事你已经付出五年，还没什么成就，你做一个完全不懂的新东西成功的概率又有多大？很多人总想跨界去尝试新的行业，放弃自己已经拥有的东西，在自己完全不懂的领域和别人竞争，你的优势又在哪里？

正确的方向是什么

一个人发展自己的副业不是不可以，但是需要找到正确的方向，利用自己的资源、技能或者工作经验，做一些可积累的事，并且越早积累越好，积累得越早，越容易出成绩。

我身边把手头资源运用得最好的是大学同学L。他毕业以后去了某个国家，薪水很高，工作清闲，主要职责是为下属公司生产线提供咨询和技术服务。他工作的第二年就意识到未来钱多事少是不可持续的，于是他开始琢磨怎样才能做点自己的事。他在车间发现，生产线上的气动元件和拖链是个很好的切入点。之后他谈下来一家意大利公司的亚洲区代理权，从小配件逐步切入维修供应链。前年我见到他，是在上海新国际会展中心的机械展。我也是那时才知道，他早已辞了职，营业额达到了上千万元。

有的人可能会说，如果一个人没有资源，根本做不了这种副业，这并不适合多数人。事实上也是如此，多数人能做的副业方向是在自己的技能、兴趣爱好和特长方面。

如果你真的热爱并擅长一件事，你的兴趣爱好就是一座金矿。

真的热爱是说你是真正地喜欢——真正喜欢旅游，不会上车唠嗑和睡觉，下车就知道拍照，而是能够了解你所旅游的景点的历史、文化、攻略，你可以如数家珍般地介绍给他人，并且可能发现其中的商机；真正地热爱美食，不是仅仅会吃和拍照发微信朋友圈，而是了解食材、营养价值、做法。热爱美食的蔡澜和热爱烹饪的美食作家王刚早就能靠自己的爱好吃饭了。

我认识的依靠技能和兴趣爱好做成功的，也不止一个——小C。五年前他还是一个上班的白领，因为自己喜欢吃蛋糕，误打误撞学习了烘焙，开启了自己的烘焙生涯。他没有线下店，客人都是相互介绍来的。因为味道好、用料足，产品做得好看，每个节日都是他最忙的时候。因为他的蛋糕做得好看，也帮他开辟了新领域，比如承接公司庆典和婚礼的甜品台。当然，小C的副业早就变成了主业，从开始自己一个人，发展到了现在十几个人的团队。

三年前我认识小W的时候，他只是个健身爱好者。他喜欢瑜伽，边学习边在各大健身房开始带课。因为小W天赋不错，专业水平进步很快，在健身房上大课的时候帮助学员改善了不少身体问题。在这个过程中，他赢得了信任，收获了会员，口碑也非常好，后面再发展副业就是水到渠成的事。小W在一家很小的工作室上课，运营成本很低，他给会员上课的时间主要在工作日的下午五点之后和周末的时候。此外，他还有一份稳定的工作。

国内是个人口众多的大市场，同样的兴趣爱好技能总是有一大批热爱的人。只要其中有少数人喜欢你、相信你，你能给他们提供相应的价值，就可以做成副业乃至更大的事业。

爱旅游的人都知道网站马蜂窝。马蜂窝的两个创始人是曾在搜狐工作过的同事，他们都是旅游爱好者，喜欢把旅游过程整理成攻略游记在网上分享。2006年，他们因为兴趣一起做了个游记分享站。在2011年之前，基本没赚过什么钱，两个人还得自己掏腰包运营维护。随着国内旅游市场的爆发，出行游记和攻略变成了刚性需求，他们拿到了第一笔融资，两个创始人相继离职，副业成为他们的事业。2019年5月23日，马蜂窝拿到了腾讯领投的新一轮融资2.5亿美元。当初因为兴趣做的不赚钱的副业，也变成了投后估值20亿美元的事业。

那么，做副业正确的姿势到底是什么？

一是要从自己的兴趣爱好特长下手。

二是要从试错成本小、投入小、边际杠杆大的东西下手，也就是学着滚自己的雪球。

我刚刚做社交媒体的时候，开始并没有太大的动力。写文章需要查阅大量的资料，在这个过程中也需要大量地学习，不断地提升自己的认知。慢慢地读者也多了，这让我很有成就感。随着读者的增多，未来还能接个广告贴补顿饭钱，这就是副产品了。这是花点钱买书阅读以后带来的。

第五章 财富的深层逻辑

三是一定要降低试错成本。选择副业最好从投入小，从不怎么需要固定资产投入的服务业开始。如果你需要在固定资产上花很多资金，首先就要考虑收回固定资产的本钱。如果固定资产不能产生现金流，就变成沉没成本了。

我以前开工厂，购买一台机器接近一百万元，因为生意不好，只有当废铁卖出去。一斤废铁也就值几块钱。

不管做什么，可以先做个体户，规模大到一定程度再开始雇人。我身边所有靠副业成功的例子，基本都是按照这个路径走出来的。如果没有能拿得出手的兴趣爱好或者技能，最好的办法还是好好工作存钱。别梦想开个店就能躺着赚钱，本来就本钱少，也没什么做生意经验，还去做需要高投资的生意，从一开始路就是错的。

如果想靠投资赚钱，别乱投资什么项目，先深入地学习，找到政策的红利，学会投资的方法才是你的正途。

第六章

开启你的硬核人生

如何守住你的钱
经济周期的本质就是债务周期
为什么现在全世界都在陷入内卷化
历史上每次泡沫都差不多

如何守住你的钱

人的一生中，需要不断对抗的就是年年都在减少的货币购买力。

看到过一张关于美元的统计表，从1913年美联储成立到2013年，美元已经丧失了95%的购买力。也就是1913年1美元面额的纸币，具有1美元的购买力，而2013年面额仍然是1美元，可是它的购买力只有5美分。

1944年之前，美元的贬值还是挺慢的。虽然起起伏伏，但是总体围绕一个价值中枢波动。

1944年到2013年，美元的购买力呈抛物线式下滑。原因很简单，布雷顿森林体系解体了，超发纸币开始了。布雷顿森林体系解体就是购买力抛物线式下滑的起点。

"二战"之前，各国多数是金本位。之后由于世界大战的爆发，各国都开始搞黄金管制，导致黄金供应不足，金本位维持不下去了。在这种情况下，美国人在"二战"结束前夕主导召开了布雷顿森林会议，决定建立以美元为中心的国际货币体系。

第六章　开启你的硬核人生

布雷顿森林体系是一个世纪性创举，它通过美元和黄金挂钩，使得美元处于等同黄金的储备地位。美国承诺负担以35美元兑换1盎司黄金的国际义务。按照这个价格，每1美元的含金量为0.888671克黄金。各国政府或中央银行可按官价用美元向美国兑换黄金。

美元被叫作美金，也是因为美元可以直接兑换黄金。

好景不长，很快美国人发觉这么兑换根本支撑不住。为维护自身利益，美国人先是放弃了美元和黄金的固定汇率，紧接着宣布不再承担黄金兑换义务。布雷顿森林体系解体了，美元和黄金脱钩了。和黄金脱钩以后，美联储印刷美元再没有黄金储备的限制，可以根据需要滥发了。先前所讲的那抛物线式的购买力下滑的现象，就是美联储货币滥发的结果。

多数人都知道通胀会带来购买力损失，却没想过通胀的根源是超发货币。

道理很简单。假如市面货币发行总量是100，对应的实物资产价值也是100。货币超发100以后，市面上的货币变成了200。如果对应的实物资产依然是100，那么就会表现为实物资产价格涨到200。因为货币超发一倍，购买力和同等面额的货币价值都减半，实物资产的名义价格则翻番了。这就是资产价格上涨的主要原因。市面上超发的钱多了，资产的名义价格就上涨了。

人一生对抗的购买力的丧失，其实就是在对抗货币超发。自从纸币和黄金脱钩可以无限印钱以后，全世界都在用印钞薅羊毛。

回看历史，1973年美元与黄金脱钩以后，世界上所有主流货币对黄金都贬值了90%以上。不管你买房、炒股赚钱，还是买入实物资产等着它升值，本质上都是在对抗货币超发贬值带来的购买力下降。

还记得20世纪90年代的万元户吗？那时候他们大概也觉得能靠存在银行里的钱过一辈子了吧。他们的钱并没少，只是购买力贬值了。

不光钱会贬值，能保值的东西也一直在变。之前"一铺养三代"的故事大家都知道，现在电商和商业综合体发达以后，很多临街商铺很难出租，也很难转手。

当然，更残酷的是金融体系被冲垮，汇率大幅贬值，等于说老百姓手里的货币价值归零。当初的苏联就是这个样子。

要想维持自己的生活水平和货币的实际购买力不变，就需要不断提高自己的知识水平，学会置换资产包。

把"与时俱进"的好资产留下，不好的资产置换掉，这样你的资产价值才会持续增长，生活水平才能持续提高。

社会进化和变革的过程很残酷，每一次都会淘汰一批想一劳永逸的人。过去想一劳永逸的万元户被社会边缘化了，后面想"一铺养三代"的人也正在被边缘化，现在很多没有与时俱进的小企业也会遇到被边缘化甚至淘汰的命运。同样的规律，未来依然不会变。

经济周期的本质就是债务周期

我写了一篇拉丁美洲的文章，在文章中讲到了资源价格的事。有人问我，2020年全球经济很差，为什么资源还会涨价？他这么问是因为不懂经济周期。经济周期是怎么回事，它对大多数人又有什么意义呢？

了解经济周期前，需要先了解的是：现代金融有个功能，它是可以跨时空使用金钱的，它可以把未来的钱搬到现在用，也可以把美国的钱搬到英国用，只要能还上利息就没问题。如果跨时空的钱搬来太多，债务太大了，就会导致欠债太多，最后连利息都还不上。结果就债务违约，所谓的金融危机就来了。

明白了现代金融的功能和金融危机是怎么一回事，就容易理解经济周期是怎么回事了。一般来说，经济分扩张和收缩两个周期。

经历过经济上行扩张周期的人都知道，每到经济上行扩张周期的时候，到处都是经济繁荣的景象。当然了，每次经济繁荣的领域是不一样的，比如基建爆发的时候繁荣的是钢铁水泥行业，

5G爆发的时候是芯片半导体行业，共享经济爆发的时候是共享充电宝、共享单车、长租公寓行业，这时候热钱都会拼命挤进去。

在经济繁荣的状态下，企业会提高贷款、融资的积极性，以提高产能，补贴用户，抢占市场。随之而来的是企业产能和债务不断扩大，竞争不断加剧。之前打车软件和共享单车就是这么操作的。

经济上行扩张周期的时候，资本市场和银行也愿意借钱给企业。道理很简单，他们觉得到处欣欣向荣，销售和购买都旺盛。心理预期是借出去的钱不但能连本带利收回来，说不定后面还能赚得盆满钵满。

企业拿到钱就开始扩大生产，做各种广告投放，给消费者补贴，给员工加薪。员工钱多了，就会买房、买车、买各种消费品，不仅花工资买，还贷款买。生产和消费贷款形成一个完美的闭环链条。到处都是一派繁荣的景象。这时候，企业和个人都加了大量的杠杆，整个社会负债率快速上升，泡沫也出现了。这时候，我们就会经常听到一个词——经济过热。

为什么说经济过热了呢？因为企业对未来太乐观了，不停地盲目用借贷、融资的方式扩张经营，企业扩张速度太快，借债太多，产能开始过剩了。企业投资是有惯性和周期的，没办法突然停下来，可能现在投的项目一年甚至更久以后才能投产。等投产后发现消费者的购买力跟不上产能，销售就会出现问题，生产和消费的链条就被打断了。

这时候，企业就会突然发觉自己的债务太大，之前对销售过于乐观。借债投资产生的利润不仅本金还不上，甚至利息都还不上，后面债务违约就产生了。

我们能看到这个问题，央行自然也能看到。为避免大面积债务违约出现，宏观调控政策会提前收紧，也就是我们说的去杠杆或者加息来了，这就是开始收缩的标志。

本来企业就连利息都还不上了，调控政策再收缩，融资就更难了，结果是资金成本也更贵了，很多挺不住的企业开始裁员，降低产能或者破产，经济收缩周期也就来了。等一批企业破产，一部分产能消失，债务被重组，供求关系重新达成平衡，经济收缩周期也就要结束了。

在出清①的过程中，你会看到各种悲观情绪蔓延。比如当初对自己未来收入过于乐观去贷款高杠杆买房的人，因为被裁员现金流跟不上的人，可能被迫卖掉房子。高杠杆乱投资的企业可能砍掉生产线减少产能，卖出一些资产还债。这些都会带来资产价格的急速下跌，加剧悲观情绪。

要打破经济的下行周期和过于悲观的情绪，是需要外力干预的，这时候你会看到调控政策突然转向了。原来去杠杆加息的政策，变成了降息降准等各种加杠杆放贷款刺激经济的政策，市场上"便宜钱"一下子多了，智慧的人拿到"便宜钱"后开始收购资产，扩张产能。

---

① 出清：经济学术语，当价格确实能使需求等于供给，以至于任何人都可以在那个价格上买到他所要买的东西，或者卖掉他所要卖的东西，这时的市场就是出清的。

随着越来越多后知后觉的人加入，新的扩张和过热周期就来了，经济又进入了繁荣期。智慧的人会在经济扩张过热的时候，把收缩期低位买进的资产抛给接盘侠，等待下一个收缩期抄底。

我一直在文章里反复强调，经济加杠杆和去杠杆都是在历史进程中不断进行的，从来不会一直加杠杆，也从来不会不停地去掉杠杆。你要做的是在加杠杆的时候上车，去杠杆的时候及时下车。

因为经济周期本身就是在加杠杆和去杠杆中进行的，每次经济变差，全球政府都会放松货币加杠杆搞经济刺激。之后货币放出来太多，通胀太厉害，又开始收紧货币去杠杆。这时候，之前放松货币加杠杆的企业很多就会因为债务过大，在收紧货币的时候出现重大问题。

理解这回事对个人创业有很大意义，如果你想做点什么，最好是在经济扩张周期刚启动的时候下手，也就是国家开始加杠杆的时候去做，这时候会容易很多。个人投资也是一样，一定要顺着经济周期来。

为什么现在全世界都在陷入内卷化

一直有人问,为什么这些年生意越来越难做,工作越来越难找。各类工作岗位需要的学历越来越高,明明一个普通本科生能做的机械重复劳动,现在动不动就要求985、211类学校毕业,或者研究生毕业。

很多买卖人经常挂在嘴边的一句话是,实体利润越来越薄,生意越来越难做。不少中小企业这两年最大的感受是订单不断在向头部大企业集中。这种情况并不只是发生在国内,国外很多年前就已经是这样了。这种状况,就是人们这两年总是在说的内卷化。从经济的角度看,为什么会出现内卷化现象呢?对个体而言,怎样做才能更好地面对这种现象?

一、内卷的本质是增量没了

到底啥是内卷?

最早把内卷这个词引入中文世界的是黄宗智,他是一位从海外回国的历史学者。

效率人生

黄宗智在1985年出了本书，叫《华北的小农经济与社会变迁》。书中说，中国的小农经济因为劳动力过多，土地有限，形成一种过密化增长。在人口压力下，农民不断增加水稻种植过程中的劳动投入，期待获得更高的产量。然而劳动的超密集投入，并未带来产出的成比例增长，还出现了单位劳动边际报酬递减的状况。这个超密集的劳动投入，也就是前面说的过密化现象，黄宗智把它叫作"内卷化"。内卷化带来的结果是：因为边际生产率递减，投入土地劳动的人越多，平均起来每个人就越穷。

可能讲到这里很多人还是不理解，举几个生活中的例子，大家就很容易明白了。

比如985大学和211大学在某省要招1000个人，在没有课外补习存在的时候，大家都是通过在校学习考大学。成绩在全省1000名开外，资质又还过得去的某个学生衡量了下自己的实力，觉得自己考上985和211类大学的可能性很小。于是他很自觉地找课外老师补习，别人学习的时候他学习，别人休息他补课。经过一番努力，他的成绩成功地进入前1000名，进入了自己心仪的学校，把原来处在前1000的学生挤了出去。

有了这个1000名之外的学生考上好大学的成功案例以后，其他家长都坐不住了，甚至成绩在前1000名内的学生也坐不住了。再加上课外辅导班的不停宣传，大家纷纷开始课外补课。你补两小时，我补三小时；你补数学，我补语文、数学、外语。

通过补习，大多数资质不错的学生成绩都有了很大提高。遗憾的是，大家心仪的985和211类学校的招生人数并没有增加，还是只招1000人。结果就是虽然大家成绩都提高了，但学校招生数量没有变，并不会因为大家平均水平提升而多招人。

这些人在付出了更多努力以后，得到更多的回报了吗？并没有。结果只是加剧了他们相互的竞争和厮杀，这就是内卷化的现象。

这批人经过厮杀，终于步入了心仪的985和211类学校。等到他们毕业要开始找工作就业了，这时候发觉依然很难。因为这时候毕业生有1000人，可是他们心仪的优秀企业只招聘500人。所以企业在这1000人里面只能是选了又选，还设置了各种门槛，比如在大学拿过什么奖学金，学分绩点需要达到多少，在大学拿过什么样的证书，等等。

招聘单位设置这些门槛的原因，并不是由于工作需要这些东西，而是因为只有这么多岗位。毕业后来应聘的学生数量超出了企业岗位的需求数量，只能抬高门槛刷掉一批人。

这导致了大家读书期间不得不拼命提高成绩，考各种证书，以求达到企业的入职门槛。这些人付出更多努力以后，得到更多回报了吗？也并没有。

工作以后你可能会发现，你在学校努力学的那些东西，在工作中甚至根本用不着，这也是内卷化的表现之一。

企业为什么不能多招点人呢？因为每个企业的市场就这么大，能提供的工作岗位的数量是市场决定的。

过去质量差不多的产品，是怎么争夺市场份额的呢？就是通过不断降低成本，打价格战。早年的国产手机就是其中的典型代表，大家都是通过打价格战，先杀出一片血路，之后再搞品牌技术升级。

只要一家手机开始打价格战，其他品牌的手机就坐不住了。因为不降价市场份额就会被别人抢了，自己就会混不下去。于是大家纷纷降价，推出性价比更高的产品，开启新一轮价格战。最后直到大多数企业被击败，少数企业占领了大部分市场份额，这个游戏才会结束。这种竞争和前面的学生参加补习班差不多。因为总体市场就这么大，你只能通过把自己的竞争力提升到更强，才能打败对手。

通过上面的例子大家应该也看出来了，内卷化产生的原因，就是整个市场的需求是一定的，供应却在不断提升，所以需要大家血拼以后才能胜出。

这个现象简直和养蛊差不多：在一个狭小的空间里，大家经历血腥厮杀，剩下的那个一定是其中最强的。

肯定有人要说这是好事。学生大规模补课以后，整体成绩上来了，带来的结果难道不是学生素质越来越高？商家打了全面价格战以后，东西便宜了，带来的结果难道不是商品性价比越来越高？

这听起来是非常积极的事情啊，比如学生通过竞争，结果学生的整体素质得到提升；商家通过竞争，结果整个社会的商品性价比都有了提高。这要看你从哪个角度看。内卷带来的竞争，在社会发展的某个阶段，确实可能对提升整个国家或者组织的竞争力，有着积极的作用。但对个体来说，是极其痛苦的。因为内卷意味着过多的人，要分一块大小不变的蛋糕。由于蛋糕大小是有限的，所以大家只能通过努力提升自己的技术，以求分得更多蛋糕。

虽然大家分蛋糕的技术不断提高，但因为蛋糕本身没有增大，涌入的人又在不断增多，最终的结果可能是即使大家分蛋糕的技术提升了许多，获得的蛋糕依然不会变多。这等于是竞争者花费了大量的成本投入，却没有得到更多收获，因为付出的成本都被内耗掉了。

最典型的例子就是这两年很多人去考公务员，越来越努力却越来越难考。

以前很多人考虑到本科毕业不好找工作，之后都去考研究生，结果现在研究生毕业还是不好找工作。以前大家看到做生意赚钱，纷纷跑去做生意，不管哪个领域很快就被价格战杀成一片血海。怎么解决这个问题呢？无非是大幅增加公务员名额，增加岗位的数量，或者提升大家收入增加购买力。

资源的有限性和需求的无限性——不管是产能还是优质商品商品的供应，都是有限的，这叫资源的有效性。需求的无限性说的是，大家的欲望是无限的，都想追求更好的东西，结果就是所有人都争夺有限资源。于是矛盾就来了，这也决定了蛋糕不可能无限做大，除非科技和生产力突破带来增量，做大整个蛋糕。否则内卷只能延缓，无法避免。

内卷的本质就是增量没了，大家开始陷入无休止的存量博弈中。

二、我们经历的经济内卷

为什么之前就没感觉到内卷？为什么以前生意感觉比现在好做得多？很多人之所以这么说，都是因为不了解历史。

我们解决增量不足导致的经济内卷问题，不过最近20年时间的事情而已。很多人应该还记得，20世纪90年代开始，我们经历了一次全国范围内的国企下岗。这是我们第一次经历了因为增量需求不足带来的经济内卷。

当时那次经济内卷是怎么发生的？我们知道一个商品最终被销售出去，只能有三个去向：消费、投资和出口。商品被国内终端消费者花钱买了，用于日常消耗，这个叫消费。商品被国内企业花钱买了，用于扩大产能或者扩建厂房，这个叫投资。商品被外国消费者或企业花钱买了，被外国人日常或者搞建设消耗掉了，这个就叫出口。当然，一个经济体肯定是有进有出的，所以我们也会买外国产品，这个叫进口。通常计算出口的时候，会把进口和出口抵消，计算净出口的金额。

消费、投资、净出口这三样东西的总和，如果我们用货币计算，就是一个国家的GDP总额。

那么我们也可以得出结论：如果生产出来的商品，国内消费者不买，国内企业不买，外国消费者也不买，那就卖不出去。

当时我们还没有加入美国主导的世界贸易体系，基本处在国内生产、国内消化的状态。产能大规模扩张以后，国内无法消化，东西卖不出去，企业就只能搞裁员下岗。大规模下岗以后，社会整体购买力更加不足，最终陷入了增量购买力不足，导致了生产过剩。当时经济内卷的原因就是国内商品购买力不足，出口的渠道又没打开。

英国从引爆工业革命开始，生产过剩的问题就如影相随。工业革命使得生产力突破，带来了巨大的产能提升，可是工业品生产出来得卖出去才能循环起来。当时英国本国工人工资不高，消化不了那么多工业产能，富人也不会把赚到的钱都花了，所以卖不出去的工业品就成了大问题。英国人想到的办法是卖到海外去，拼了命地开始在全世界找市场倾销工业品。为了找市场甚至开着炮舰远渡重洋，炸开了印度和当时大清朝的国门。

其实发达工业国只要不断投资扩大产能，最终都会面临过剩的问题。后面东西卖不出去，很快就会面临工厂倒闭裁员，员工没钱消费，工厂进一步倒闭裁员的恶性循环。解决的办法至今也和当时英国一样，就是想办法扩大市场，将产品卖到海外去。

如果把地球看作一个整体，最后总会遇到那么一刻，全球所有人的购买力都买不完工业品。当工厂生产的东西卖不出去，工厂就会倒闭，工人没钱消费的时候，全球金融危机也就来了。

1996年的中国，由于生产过剩，再加上整体社会购买力不足，经济上第一次出现了这种过剩。最明显的一个指标就是当时一半以上工业企业产能利用率不足50%。所谓产能利用率，指的是现有的实际生产能力有多少在正常运转发挥生产作用。

国际通用标准认为，产能利用率低于80%的时候就是产能过剩，低于75%就是严重过剩。

1996年的产能过剩很严重——企业之间的三角债问题严重，

很多企业东西根本卖不出去，处在破产边缘。不管是大型企业还是中小型企业，只能通过借债周转资金，维持现金流不断。屋漏偏逢连夜雨，1997年我们又赶上了亚洲金融危机，危机导致出口进一步下降，更多商品因此卖不出去。

三、问题解决了

1998年的产能过剩并没有转化成经济危机，反倒是几年后被逐步消化掉了。可以看出，1998年以后产能利用率不断提升，一直到2008年全球危机之前都是在上升的。

当时我们采取了两个策略：对内深挖国内市场，对外拓展海外市场。两个策略其实本质是一样的，都是想办法把商品卖出去，来延缓经济危机。

深挖国内市场，最典型的就是房地产产业化和教育产业化。

1998年之前，国内基本没有住宅房地产市场，当时百姓的住房主要靠福利分房。

福利分房这个事情我印象很深，那时候我刚上中学，家门口开盘了第一个商品房楼盘。

当时我算了下账，交了首付之后月供300多就能买房，还挺合算。我拉着母亲去售楼处交了2000定金。最后被我爹跑去退了，还骂了我一顿，说小孩子懂什么，别人都等着分房，就你傻乎乎地买。

从1998年开始，国内的商品房市场开始形成，房地产市场能拉动的下游产业非常多，可以说钢铁、水泥、建材、金融几十个行业，都是房地产的下游市场。后面伴随城镇化的快速发展，房地产市场消化了大量的重工业过剩产能。

开拓海外市场，是2001年我们加入了世贸组织后开始的。之前因为没有加入美国主导的世界贸易体系，我们出口受到诸多限制，很多国家通过关税和配额限制我们出口。

美国从2001年开始向海外转移制造业，把中国定位成世界工厂的角色。美元从这一年开始，和我们这个世界工厂的商品产能开始捆绑。中国输出商品，美国输出美元。

2001年以后，我们的外贸订单大幅增加，国内产品潮水般涌向世界。之前困扰中国几年的产能过剩问题，就这么被海外汹涌的订单解决了。

这也是为什么我们看到，从1998年到2008年全球金融危机之前，国内的产能利用率一直在不断提升。随着外贸订单不断增多，国内现有产能不足以满足海外需求。企业主们不断投资扩大厂房，增加设备和产能。产能扩张就需要更多的生产工人，那些年大家看到的农民工大迁徙，就是这么来的。

农民脱离了农田到工厂打工收入增加，又带动了国内的城市消费需求，逐步形成良性循环。国内和国外两个市场，也就是房地产和出口的需求提升，推动了经济的快速增长。这使得国内的外贸和投资都非常旺盛，形成了当时外循环和内循环的双轮驱动。

很多人常说的生意最好做的这段时间，其实说的就是这段内外循环都很顺畅的时间。

四、外循环和内循环

大家应该也看出来了，解决内卷化问题，是需要外力帮助的，也就是需要外界注入点什么东西，比如订单或者资源。外界的帮助有点类似民间说的贵人，其实也是这个意思。贵人就是比你高一个段位的人提携你一下，你的问题在他那里不是问题。

他看中了你的能力，给你提供了订单或者资源。你又有能力形成正反馈，就可以在高层次循环了。当然，有时候贵人也不是白帮你，他可能是有所求的。另外，你也得有能力，否则别人给你机会你也接不住。

我们当年加入ＷＴＯ，就是从外部给我们注入了订单，外循环对应着整个外贸出口行业。以美国为首的西方消费者购买中国产品以后，中国有了大量顺差和外汇储备，这等于是从外部注入了增量。

之后我们用外汇储备购买美国国债，资金回流美国，支撑美国股市和债市。

大家知道美国股市是老百姓的钱袋子，财富基本都在里面。美国虚拟经济市场膨胀带来的股市、楼市上升，导致财富不断增值。

股市楼市涨了，会带来财富效应。老百姓看到手里钱多了，就更愿意购买。美国人不断增加消费，继而购买更多的中国产品，外循环也就越来越顺畅。

本质上，外循环就是通过不断打开出口市场，从而带动经济。大家先记住这个结论，后面我会讲为什么现在外循环越来越难走了。

内循环其实分了两块，一方面是消费，一方面是投资。

外循环导致出口订单增多，这些出口企业必然要扩大生产，修更多厂房，买更多的设备。这会导致国内基建和设备生产企业订单增多，二者扩大生产又会雇用更多的工人。工人赚了工资有了钱，也会想着提高生活水平，所以内部消费也起来了，良性循环就有了。

另一块消费就是大家说的房地产，这是消费里最大的一块，因为能拉动下游几十个产业。城镇化伴随着房地产行业的繁荣，带动了下游几十个重工业行业扩大再生产。这些行业产销两旺导致企业需要更多的劳动力，进一步导致内销轻工业品需求的增加，继续促进良性循环。除了拿来吃喝消费的钱，工业化以后的产业工人也慢慢有了存款，一般老百姓有钱会把钱放在银行里面。

在这个阶段，除去部分企业的贷款，其他大部分钱都是银行通过房地产市场，把这些存款投放出去，这就形成了投资部分。除了企业投资，各地最大的一块投资，是地方的土地储备公司、投融资平台和下游的房地产相关行业。这些平台征收土地，搞一级土地开发。房地产公司从这些平台买地盖房子，之后卖给人们。从某种意义上说，是人们用自己的存款支撑了房地产市场的发展。然后人们再去贷款消化市面上的房屋，推动经济发展。

很长一段时间里，内循环其实就是不断通过城镇化和房地产投资来带动经济的。

从这里我们可以看出，为什么大家期待的消费拉动经济，在20世纪90年代那个阶段是行不通的。因为作为消费主体的劳动者，收入和利润的来源是外贸订单和城镇化建设带来的。只有外贸订单需求增多，城镇化速度加快导致需要的工人多了，大家的收入提升了，才有钱消费。一旦外贸出口和投资两驾马车熄火，消费的利润来源就没了，还怎么搞消费拉动经济呢？

五、外循环失效了

我们为什么要提出重视经济内循环了呢？简单说，就是外循环现在已经开始失效了。原因也很简单，西方贫富分化实在太厉害了。

2001年开始，美国把中国这个世界工厂和美元捆绑，用中国商品给美元背书。出口的这些日常消费品，主要是西方普通老百姓消费的，因为他们数量众多——有钱人钱再多，也不能去趟厕所用两卷手纸吧。

从外循环的角度看，我们国家这边整体可以看成是生产端，美国那边是消费端。然而欧美巨大的贫富差距导致底层人的购买力越来越差，消费能力也变得越来越差。历史上每次美国前10%的人拿走了45%以上财富的时候，结果都不会太好。

第一次首先发生了1929年大萧条，随后发生了"二战"。第二次是2007年、2008年的时候发生了次贷危机。第三次就是现在。

我一直盯着美国的贫富分化状况，原因是经济是由生产和消费两部分组成的,想消费就要美国这个消费端有钱——更确切地说,需要更多美国普通人手里有钱。美国社会整体的贫富差距越小,消费能力就越强。

如果把地球看成一个整体,"一战"以后美国通过发战争财,拿走了全球大部分财富,变成全球消费驱动引擎。之后美国又因为技术革命和流水线大量使用,导致资本家和工人劳动生产率差异越来越大。

咆哮的20年代后期,因为劳动生产率剪刀差存在,带来了剧烈的贫富分化,大部分财富都流入了资本家口袋。剧烈贫富分化以后,美国底层越来越穷。消费能力不足导致全球生产过剩,之后就发生了1929年的大萧条。

到了1929年大萧条期间,英美这些主要西方国家纷纷竖起贸易壁垒。英国人搞了殖民地内循环自产自销,美国人通过罗斯福新政,对富人收重税做转移支付。美国在这个阶段还通过兴修基础设施,给底层创造就业机会和注入购买力。

出口导向型的日本和德国突然失去海外订单,经济首先撑不住了,要么选择大量生产军工产品给老百姓就业,通过对外军事扩张消化这些军品;要么选择面对国内即将发生的社会革命,资本家们被"打土豪分田地"。这显然想都不用想,资本家必定会选择前者。

之后就是大家耳熟能详的"二战","二战"打完之后大量产能被消灭,贫富分化也重新回到低位,这等于底层重新拥有了购买力。

当时美国政府也延续了罗斯福时期的政策，保持了对富人的高税收，不断做转移支付，培育出一个庞大的中等收入阶层。这个阶段是美国中等收入阶层最幸福的阶段，一人工作可以养一家，大政府、高福利是这个阶段美国的特点。

之后就是里根上台，开始不断给资本家减税。从20世纪80年代开始，穷人越来越穷，富人越来越富。

贫富分化水平不断上升，导致西方底层购买力越来越差。大量财富又像1929年大萧条之前一样，集中在美国的富人手里。这意味着来自欧美的外循环订单已经见顶，很难再继续增长了。

可以说现在来自欧美的订单，基本就是未来很多年的顶峰，必须考虑新的方向了。

当然了，另外一个消化产能的方向是扩大内需，也就是我们最近经常听到的内循环。

六、昨日重现

1918年西班牙大流感之后，美国曾经爆发了一次剧烈的金融危机。1919年，美国的国民生产总值在短短七个月的时间剧烈收缩了25%，然而这只是开始。1920年，美国的经济更加萧条。当年的GNP收缩了38%，消费物价指数暴跌37%，这是美国历史上最严重的通缩之一。

这次危机是大流感发生以后，美联储加息导致的。从图8可以看出，加息在1920年8月达到了最高点。

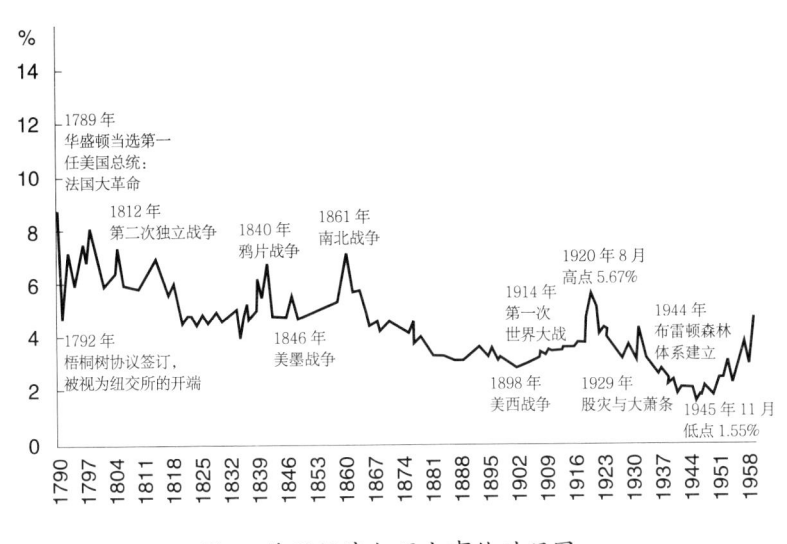

图8　美国经济与历史事件对照图

加息引发危机以后，美联储开始了长达十年的货币宽松政策，带来了咆哮的20年代和柯立芝繁荣——20世纪20年代，美国不断放松金融管制，在马太效应刺激下，贫富分化愈演愈烈。

1929年，美联储再次开启加息进程，这一次因为贫富分化已经达到极致，穷人完全丧失了购买力。即使1929年崩盘以后货币政策再次放松，也没能救得了后面的经济，随之而来的就是1929年开始的大萧条。

和1920年那次经济危机可以类比的年份是2008年。2008年以后也是全球货币不断宽松的十年。从2008年开始，持有100万资产的人和持有100万现金的人，差距越来越大。持有资产的人财富在不断膨胀，持有现金的人财富却在不断贬值，两种人距离越拉越远。

虽然市面上反应通胀的CPI指数一直不高，但大家手里的现金用资产价格衡量，购买力贬值了不止一点。因为印出来的钱都去追逐房地产领域的房屋和土地等特殊商品了。这就是CPI涨幅不大，房价持续上涨的主要原因。

如果你观察2008年以后的这十年，其实也和咆哮的20年代一样，是货币政策不断宽松的十年。这十年里整个社会的贫富差距越来越大，就连整个社会贫富分化的走势图都和1929年之前那10年非常像。

咆哮的20年代同样繁荣的还有股市。

道琼斯指数在1929年崩盘前涨了5倍。当时消费主义盛行，华尔街牛气冲天。有意思的是，当1928年美联储对股市过度投机表示关切，开始用加息的方式遏制投机的时候，这个明显的货币紧缩动作，并没有引起大家的关注，反而加速了股市上涨。

1928年3月到1929年10月，这段时间虽然不断加息，但道琼斯指数涨幅也在加大。这一年多的时间里，道指涨幅超过了过去六年所有涨幅的总和，终于在1929年10月到达了最高点。

以前我总说，后面美股崩了以后就会迎来大萧条，就是因为这段历史太像了。后面美股一定会出现类似1929年的大瀑布式的下跌。

过去十年，不管是全球各国不断放松管制搞货币刺激，还是不断地通过基建房地产续命，本质上都是在拖时间。这十年里，利率水平不断降低，货币一轮轮地放出来，贫富差距也拉到史无前例地大。

现在因为新冠疫情放出"滔天大水",2020年美联储印的钱,相当于过去100年的21%。如果后面美股崩盘,世界就会迎来史无前例的大萧条,货币政策都不一定救得起来。原因也和以前讲过的一样,欧美整个社会的贫富差距越来越大,底层丧失了购买力。

日常消费品要靠数量庞大的普通人消耗,普通人丧失购买力,意味着生产会又一次陷入长时间的相对过剩。

要知道全世界只有中国在通过扶贫,给底层注入购买力。其他国家宁可放水给富人救股市,也不愿意做这个事。

七、凯恩斯主义

"二战"前那段萧条期让人们学会的经验就是可以通过凯恩斯主义拖时间。只要自己国内拖住,等别人爆就好。但这在美国是特例,综合了天时地利人和,是任何国家都没办法复制的。当时的美国有着最优秀的资产负债表,这是"一战"发战争财带来的。所以美国也是耗得起的,后面熬不住的国家被迫打起了"二战"。

要知道西方的经济危机是资本主义的基本矛盾决定的,不以人的意志为转移。这个事情在中学课本早就讲过:资本主义的基本矛盾是生产社会化与资本主义生产资料私有制之间的矛盾。矛盾的具体表现是:生产无限扩大和劳动人民购买力相对缩小。

每次到了这个阶段,世界上总会有很多国家陷入大众生活困难、就业率持续走低、经济发展缓慢的境况。这些国家为吸纳失业人口，同时要镇压暴乱，最大的可能就是扩军。扩军就要买军备，扩充军工企业的生产。

可是在和平年代，这些军备就是不良资产，因为只有打仗才能消耗掉这些东西。而且军队人数越来越多，话语权越来越大，一场转移矛盾的战争就变得不可避免。

以前有个形容"二战"的说法很形象：资本主义发展到后期就是帝国主义，帝国主义最终需要一场战争来化解矛盾。

"二战"以后，美国通过发战争财获利丰厚，还取代英国成为世界权力的核心。美国通过布雷顿森林体系吃一波货币红利，与此同时美国通过长臂管辖，可以为国内企业打压竞争对手，让美国占尽好处。美国在20世纪80年代"吃"自己的后花园拉美，20世纪90年代"吃"老对手苏联遗产，后面亚洲金融危机又"吃"一波。2000年以后，美国通过全球化把风险分散到世界，大家一起扛就能扛更多。

人类的本质就是复读机，现在全世界走的依然是老路，后面全球爆发经济危机的世界局势和1929年并无差别。这些年全球都在搞凯恩斯主义印钱，本质上就是在把矛盾往后拖。

印钱的本质是向全社会平均借钱，之后通过搞基建投资再把钱发回去。虽然大家付出的成本一样，但是因为富人能力更强，所以收到的钱更多，最终贫富差距也会因为实行凯恩斯主义越来越大。这么说可能有人不明白，换个说法你或者容易理解：凯恩斯主义映射到个人身上，很像互联网金融的那些消费贷。只要你能借得来钱、能还得上利息，就可以把爆雷时间无限期往后推，爆雷之前雪球只是越滚越大。

一个人刚开始借的钱金额也不大，可能只是借了三千块买手机。后面这个人的欲望膨胀，他借钱很难停下来，就会开始拆东墙补西墙。他最终欠了上百万，利息都还不上了，就开始爆雷了。

要知道，凯恩斯主义的本质是货币主义。

经济危机的本质是生产相对过剩，在市场经济的背景下，时间足够长就一定会出现经济危机。这时候滥发货币就是难免的，因为印钱这种办法太安逸了，很少国家能抵御这种诱惑。大多数国家都是通过印钱往后拖，然而只要不改变分配问题导致的贫富差距，最终都只是延缓危机。目前各国评判延缓危机的手段最终效果如何，都是从延缓多长时间来看的，本质上并不能解决危机。

解决经济危机的办法也不是没有，一个是科技突破带来的技术升级，一个是战争消灭过剩。

现在的问题是全球科技迟迟没有突破，大国都有了核弹以后打仗也变得不太现实。所以在现行国际政治经济体制下，后面的金融危机不可避免。

目前各国能做的事情，其实也很类似。首先是尽力推迟这个爆发的时间点，尽量坚持到让别国先倒下。只要你能熬到最后倒，就可以抄底别人的资产续命，割别人的韭菜。

其次是在危机爆发前努力发展，做好准备，降低危机爆发后的损失，尤其是军事准备必须提上日程。这个阶段只发展经济，没有足够的军事准备，最后基本就是其他国家案板上的肉。

所谓内卷，本质上是事物发展到一定程度增量不够，没办法向外扩张，只能通过向内挤压竞争，造成大量消耗导致的。内卷的说法之所以越来越流行，是因为全球经济到现在为止没有新的增长点，都是存量博弈带来的。

没有增量出现，也没有对外扩张的余地，只能进行激烈的内部竞争，内卷自然就会越来越严重。

所谓全球经济的内卷化，其实就是经济必然走向危机的另一种说法。怎样走出内卷的问题，其实也是怎样才能避免危机的问题。

理解经济走向危机的必然性，就能理解最终内卷的必然性。当然解决办法也不是没有，最有效的办法就是找到新的增长点，有了新的增长点，问题就解决了一大半。要想突破内卷，一方面是寻求科技突破，通过新技术创造更多的就业岗位。另一方面是增加第三世界投资，把国内过剩的资源投资到第三世界，帮助他们发展。他们发展起来以后，会有更大的购买力，内卷问题自然就解决了。

在经济萧条的时候，有钱人自然要比一般人好过很多。政府为了拉动经济，解决问题，也会努力帮助底层人解决就业和生活问题。

最难的是中等收入群体，他们多数是企业薪水比较高的那批人，基本是两头不靠，收入主要依赖工资。经济萧条时期企业就会减少投资和减少雇佣，通过增加临时工和外包比例来降低成本。这批人只能依靠发展副业增加收益，或者干熬着等新技术带来的新产业，比如5G。这段干熬的时间，在未来全球金融危机爆发以后，至少会持续数年，这对很多人来说是一道坎。

萧条期间不要乱投资，努力提升自己才是一个人该做的事情，最关键的是好好工作的同时保持好现金流。最后就是一定要减少在非核心城市的房产和商铺上的投资，因为这些东西未来大概率都是陷阱。这种消耗性投资不但未来很难赚到钱，还很容易变成萧条期吃掉你现金流的负债。

我不断地强调要避免投资陷阱，因为在新技术大规模应用之前，钱对普通人来说会越来越难赚。能提前预测以后可能会出现的陷阱并避免损失，从某种意义上对一个人来说也是赚到了。

历史上每次泡沫都差不多[1]

2020年5月的时候,我写了篇文章。我在文章里讲了口罩价格崩盘了,后面入场的人都会血亏,接下来就是熔喷布价格要急速下降了。后来市场上熔喷布的价格都迅速下跌,跌价最厉害的90级熔喷布,已经跌掉了90%的价格。真是涨起来疯狂,跌下去也疯狂。

2020年4月的时候,熔喷布的价格最后一段时间加速上涨,完全是被最后一波接盘的人抢上来的。之前在国内疫情得到控制之后,国内最大的熔喷布产地扬中的价格稳定在每吨20万元。2020年4月8号武汉解封,突然来了上百个抢布的人,每吨价格开始直线上涨——先是从每吨20万元涨到每吨25万元,之后就是每吨28万元到每吨35万元,后面就涨到了每吨40万元。

当时大家拿着钱疯抢的不只是熔喷布,也在疯抢生产熔喷布的机器甚至配件。生产熔喷布产能最小的45机,疫情之前也

---

[1] 本文创作于2020年6月。

就1.2万元一台,疫情刚发生涨到3万,最贵的时候涨到15万一台。机器上配套的模具原来是3000元,后面模具也跟着疯涨到8万元。

人们抢机器和配套模具就像是在抢印钞机,不是一天一个价,而是一小时一个价。以最便宜的45机来说,如果一天能生产200公斤熔喷布,5天生产一吨熔喷布就能卖40万元,要知道这东西的每吨生产成本也就3万到4万元。很早就有熔喷布厂家赚得盆满钵满,厂家少则赚几百万,多则赚了几千万。除了及时收手的人,大多数人在这个游戏里并没赚到什么钱,很多人生产熔喷布赚了钱,又全部投入购置新设备中。这批买机器的人基本都亏得厉害,因为熔喷布的价格崩盘以后,机器价格也崩盘了。

原来15万一台的口罩生产机器,现在1万都没人要。熔喷布的小玩家基本都是输家,为数不多的赢家就是货和机器在价格高位的时候都卖出去的人。

说到这里必须感慨一下,我认识的一个人也在比特币挖矿机上有过类似的经历。当初他是用七八千块一台的价格买了几千台蚂蚁矿机S9。为了方便计算,我们按照他购买了1000台计算。

他购买的这批矿机的价格随着比特币的价格起伏,当比特币价格涨到2万美元时候,他矿机的价格也被炒到了3.5万元,当时1000台矿机就能卖到3500万元。不过当时没有人舍得卖矿机——每台矿机每天"挖矿"的利润是300块。1000台矿机每天的利润是30万。要是比特币价格不崩,几个月之后就能赚回来这3000多万的矿机费用,这些矿机就是下金蛋的母鸡啊。

很多熟悉数字货币的人都知道，比特币暴涨到2万美元之后一路下跌，2018年见底时最多跌掉了高点的85%。

比特币矿机的价格也跟着比特币一起崩盘了，从之前的每台3.5万元跌到了每台八九百元。1000台矿机的价值从3500万元贬值到90万元，现在这些机器甚至因为算力不足要被报废淘汰了。顺便说一句，大家可以记住85%这个数字，所有投机品高位暴跌下来到这个位置，基本就可以考虑是不是有投资机会了。

你观察下投机品价格变化，会发现一个非常有趣的现象：历史上，在投机品市场上，虽然人们每次炒作的标的和持续时间不同，但路径和结果基本是一样的，因为人性从古到今从来没有变过。不管是最早的炒作郁金香，还是后来炒作的其他标的，都是按照同样的逻辑发展。其市场走势和市场情绪基本与图9一样。

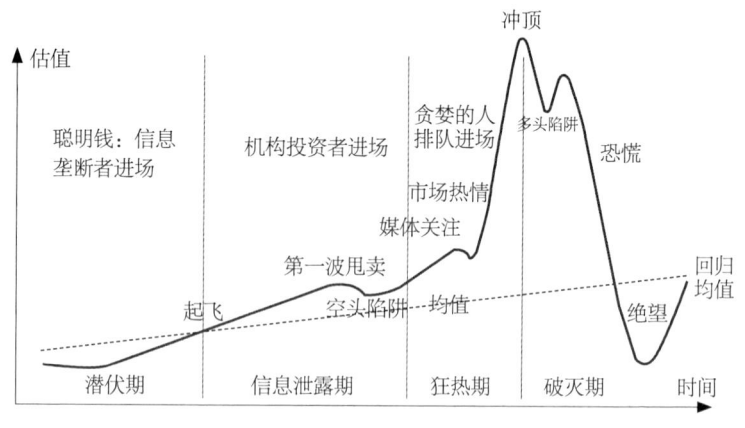

图9　投机市场走势图

1720年2月,英国南海公司股票大涨,牛顿投进7000英镑买进部分股票。当年7月,南海的股票涨到1000英镑一股,涨了8倍,这时他加大资金买入。到了12月,股价又跌回起点,牛顿损失了2万英镑,相当于他30年的薪水。牛顿在南海泡沫赔光身家以后还说了句话:"我可以计算天体运行的轨道,却无法计算出人性的疯狂。"牛顿是没计算出人性的疯狂吗?他也是没遏制住自己内心的贪婪。

很多人炒股也有这个特点,一直想着低点先拿钱去试试却不敢尝试。后面牛市来了开始逐步增加投入,位置越高投入越多,在股价最高点的时候,也是炒股的人最疯狂的时候,恨不得掏空家底压上去,后面的结局自然和牛顿一样。

以前有句话"浮赢加仓,一把亏光",其实说的就是这帮类似牛顿的人。

大家一定会看到资本市场的暴涨,也一定会看到人性疯狂之后的暴跌,所以经常复习牛顿的故事还是有好处的。

我们常听到一句话,每次当一个观点烂大街,人们都觉得这玩意儿赚钱的时候,基本意味着短期内疯狂买入的这些人要亏钱了。

从开始投资的那天起,你就要想好自己赚的是谁的钱,什么时候应该及时收手。如果到最后阶段你还没想明白赚谁的钱,最终也没及时撤出来,自然那个买单的就是你。

第七章

不走弯路，让人生又快又稳

实力比虚荣心更重要
不要成为他人的工具
人生更重要的是避坑
不熟悉的领域，往往到处都是陷阱
看似没有门槛的事，往往门槛最高
年龄的坎，如何迈过去

实力比虚荣心更重要

一百多年前，莫泊桑写了篇小说《项链》。

故事的女主人公马蒂尔德原本过着朴素安稳的生活。虽然她是普通人，却有一颗公主的心，她觉得自己是为豪华精美的生活而生的。在马蒂尔德心里，只有上流社会的华美服饰、价值连城的古董花瓶、精致的实木家具、精美的宴席和上档次的银质器皿，还有暖炉旁边彬彬有礼的服务生，才配得上自己。马蒂尔德嫌弃粗糙俗气的衣服、寒碜的家具和逼仄的空间，还有一锅肉汤就能满足的丈夫。

为在宴会上技压群芳，她向朋友借了一条钻石项链。晚会结束后却发现项链丢了，只好借高利贷赔给朋友一条一模一样的。高利贷利息增长的速度让她不得不回收借据，另立新的借据推迟还款日期。最终她用了十年的青春和劳动，为自己的虚荣买单。

一

20世纪80年代开始，无数的人经历了莫泊桑小说《项链》

第七章 不走弯路，让人生又快又稳

中女主人公马蒂尔德的人生。当时，美国总统里根不但给大企业减税，信贷管制也开始撤销。信用卡迅速扩张，消费主义盛行，人们开始负债并为虚荣心买单。影视作品《一个购物狂的自白》里，对消费主义盛行以后信用卡带来的愉悦感有经典的讲述。与此同时，电视广告的兴起让媒体的信息传导越来越有煽动性，他们最终都变成了消费主义的推手。

对于消费主义，曾经有个通俗解释讲得特别好：企业利用消费者的虚荣心和物质欲望，通过给消费者洗脑，灌输各类观念，扩大他们的需求，掏空他们的口袋，本质上就是耗尽他们的时间和生命，实现奴役的目的。

人类文明之初，奴隶主用皮鞭加棍棒控制奴隶。同样是奴役，通过消费主义给人们套上看不见的枷锁，和以前的暴力手段相比，感觉更温和、更隐蔽。

琳琅满目的购物中心，应接不暇的购物活动，还有明星的示范效应，这一切都更容易被主张拥有自我个性的年轻人接受。

拿着大棒威胁你干活心里总是不甘不愿，终归不如用购物的观念洗脑，让你负债消费以后努力干活还债来得顺畅。一旦一个人深陷消费主义泥潭，就会在消费主义面前俯首屈膝，卖身为奴，供奉自己微不足道的收入。

观察一下美国的个人储蓄率，1981年至2005年间，从12.7%下跌至1.9%。

1981年美国储蓄率最高，这一年是放松信贷管制和信用卡迅速扩张的开始，也是里根减税时代的开始。从里根开始，不但放松信贷管制让穷人借债消费，还给富人大规模减税，使贫富差距持续拉大。在里根的政策引导下，贫富差距后面拉大到极致，结果就是2008年那次剧烈的全球金融危机。

金融危机爆发前，美国储蓄率达到了新低，个人破产申请数达到了历史新高，消费主义推手功不可没。

很多人都听过一个故事。说一个中国老太太和一个美国老太太进了天堂。中国老太太垂头丧气地说："过了一辈子苦日子，刚攒够钱买了一套房，本来要享享清福啦，却来到了天堂。"美国老太太喜滋滋地说："我早早贷款，住了一辈子的好房子，还了一辈子的债，刚还完。这不，也来到了这里。"

这个故事经常被讲述，拿来说明美国人的消费观念比中国人强。美国人超前消费，借债享受人生；中国人辛苦一辈子存钱，来不及享受就死了。

观念这东西并不是自然形成的。冥冥之中，有只看不见的手在引导你。

以前看过部纪录片《无节制消费的元凶》，对这只看不见的手描绘得丝丝入画。这部纪录片分为三集。第一集讲的是资本联盟通过减少产品寿命或者增加迭代速度刺激购买欲望。典型的是iPhone的换代营销策略。第二集讲的是利用人们怕老、怕死、怕穷贩卖焦虑，促进购买。第三集更有意思了，讲的是怎么通过动画周边把产品推销给孩子，以及怎么把客户变成孩子。营销人员通过各种手段让客户像孩子一样，想要就立刻买。

里根时代放松信贷以后人手都有一张的信用卡，是成人购物儿童化的推手之一，毕竟使用现金会有一点痛感。

《无节制消费的元凶》里很多让人们无节制消费的套路，在很多年前就开始流行了，至今也没什么变化。无非就是利用人们怕老、怕死、怕穷、怕阶层滑落、怕跟不上时代脚步、怕自己不够潮的焦虑。

想看起来更时髦。苹果手机年年换代，潮人自然要买新的。

怕比别人看起来衰老。各种抗衰老产品让你选择。

怕中等收入阶层滑落。引导中等收入阶层寄希望于教育，各种培训班等着你。

怕跟不上时代脚步，成年人想学习进步。每天学一分钟到几分钟的音视频等着你。

贩卖焦虑才是最好的销售手段，没有焦虑就帮助你创造焦虑，没有需求就主动帮你创造需求。首先告诉大众一些潜在的恐惧和威胁，并让他们相信购买产品可以消除这种恐惧和焦虑。这是各种销售手段不为人知的核心竞争力。

杂志、电视、网络都在鼓吹消费超出你自己购买力的产品。它们鼓励你发现自己，疼爱自己。

还记得这些文章吗？——《不给你买×××的男孩，不配说爱你》《心情三分靠打拼，七分靠购物》《聪明的女人，舍得为自己花钱》……

之前的你，和100多年前的马蒂尔德一样，过着普通又力所能及的生活。忽然所有的媒体都告诉你：漂亮的女孩都自带花钱属性，不要在年轻的时候省钱，结果让自己最便宜。虽然每个月收入5000，但是也能看起来过得像月入5万，换个最新一代的苹果手机才跟得上潮流——尽管你的苹果手机才刚刚用了一年。

说到底，所有鼓吹借贷消费和过度消费的理念都是阴谋论，难道你借来消费的钱不要还吗？

我见过的富人有借钱投资赶上风口暴富的，但是从来没见过靠借钱消费过日子过得越来越好的普通人。

商家盯着你的青春、你的剩余价值，用负债慢慢奴役你，让你变成他们赚钱的工具，每天拼命工作，直到耗尽能量和青春，变成一块废弃的干电池。

消费主义推手背后隐藏的商家，它们收割起时间和生命来，一点也不手软。

儿时玩伴的公司有一位20岁出头的小姑娘，她欠了20多万元信用卡，每个月倒卡做分期还款，她的月薪只有3000元。小姑娘特别认同那句"漂亮的姑娘自带花钱属性"。如果她的家人不出手帮她还钱的话，她这辈子恐怕也还不清自己的信用卡。

二

媒体上铺天盖地的广告，反复告诉你，花天酒地、纸醉金迷才是你该过的日子。

钱不够？借给你啊，先花了再说。

花钱是很容易上瘾的，用上以后，很容易就控制不住了。当消费主义让你中毒后，你就开始大手大脚起来，为什么戒不掉呢？因为花钱爽啊。

第七章 不走弯路，让人生又快又稳

消费主义盛行以后，父母攒下来的钱给中了消费主义的毒的子女消费。其实看下很多调查，就发现很多90后已经在负债上做了"表率"。

商家通过消费主义给人们洗脑，让他们养成消费习惯，尤其是负债消费习惯，很多人大手大脚花钱的习惯自然就戒不掉了。

商家再通过宣传，巧妙地把消费和身份、品位、智商联系在一起。相比较而言，花点小钱模仿富人的生活看起来要容易很多。

贩卖观念在前，赚钱在后，有了观念做铺垫，后面把产品销售出去就顺理成章了。"你舍不得买那些漂亮、好看、具有品质感的东西，是因为潜意识认为自己配不上它们。"年轻人谁听到这句话难免都有消费的冲动——有钱就花，没钱借着也要花。

富有的人之所以有让人羡慕的生活方式，不是因为买几件奢侈品，而是因为他们本身聚集了资源。这道理就像公主之所以是公主，不是因为她学着上古贵族买了各种乱七八糟的玩意儿，而是因为她爹是皇帝。

以前看过个广告，广告里有三个年轻人：一个因为热爱音乐买了萨克斯提升自己，一个四处旅行开阔眼界，一个搞了办公室创业。它描绘了一个场景，提前消费才对得起自己，才能提升自己，该走就走，该玩就玩。

透支买个萨克斯和旅行都还能理解，可拿这点钱创业是不是荒诞了点？多数年轻人的额度也就几千到一万，就是个小额贷款，拿这个钱能开创事业？放贷的大数据巨头对于资金去向心知肚明，他们打出的广告怕是自己都不相信。

几千块不多不少的额度，像一只温柔的小手招呼着蠢蠢欲动的年轻人。年轻人自制力差，从一部手机、一支口红开始，逐步放出心底的猛虎，深陷欠债—还款—欠债的泥潭。

网络上流行这样一句话：一入××深似海，从此工资是路人。这是很多年轻人最真实的生活写照。

在商家的助攻下，很多年轻人正不可避免地走进消费文化时代：负债消费、信用消费、分期付款。

以前网上有个段子，说不要大声责骂年轻人，因为他们会立刻辞职的，不过你可以骂那些中年人，尤其是有房贷车贷和孩子的，讲的就是这个道理。现在欠了一屁股债的年轻人还敢随便辞职吗？除非他们可以啃老，不然一个月不工作，信用卡马上就还不上了。

三

如果你是一个普通人，就需要学会节制欲望，摆脱消费主义的陷阱，掌控自己的人生。普通人拼命负债消费，学不会控制自己，学不会延迟满足感，就一定会被别人控制。

斯坦福有个棉花糖实验，讲的就是延迟满足感。

棉花糖实验选取500多名四岁的幼儿，给他们每人一块棉花糖，明确告诉他如果马上吃掉，就没有第二块了；如果15分钟后再吃，就可以得到两块。

实验结果显示，当他们18岁时，等待时间长的孩子在学业上

第七章 不走弯路，让人生又快又稳

的成功超过等待时间短的孩子，而且差异非常明显。并且他们的自主性、抵抗诱惑的能力、社交能力和体质指数都更胜一筹。

延迟满足应该成为消费主义狂欢下人们的必修课。延迟满足，也就是一个人为了更有价值、更有意义的长远结果，而放弃即时的、当下的满足，以及在等待中展示的自我控制能力。

斯科特·派克写的《少有人走的路》，对延迟满足有深刻的分析。延迟满足感意味着你在对抗人性的弱点，放弃对暂时性安逸的追逐和享受。在你的脑海里，重新设置了人生快乐与痛苦的次序。你要首先面对问题并感受痛苦，然后解决问题并享受更大、更持久的快乐。

总是被娱乐节目、浅薄的小说捕获的人，多数是自我塑造意识薄弱、延迟满足能力低下、很难在现实世界获得成就奖赏的人。

缺少延迟满足能力的人，会越来越缺乏耐心，只接受一些碎片化的信息，不再进行自主思考，电影只看高潮部分，有价值的书也没法专心看完，慢慢会发现自己很难长时间地集中精神。同样地，这批延迟满足能力低下的人也很容易被消费主义捕获。

消费主义像吃糖，小时候糖吃得越多，越克制不住喜欢甜食的欲望，越难学会延迟满足。如果小时候吃的甜食较少，那么成年之后对甜食的渴望也会相对小很多。

上一辈人物质条件改善，但文化水平有限，容易把孩子惯出毛病，小孩子表现好，除了表扬，还给糖吃。孩子长大以后，这种性格就容易被消费主义捕捉。及时满足自己的消费欲望，及时奖励自己，对应的就是这个时代的消费方式。这也是从90后一代开始消费主义能够盛行的基础。

消费主义盛行以后也带火了不少新消费模式，广告直接恭维你并告诉你，你应该过更好的生活——怎样过上更好的生活呢？不是努力工作赚钱，而是借钱消费。

要知道，富人借钱多数是为了投资，从不借钱消费，穷光蛋才想着借钱消费。学会延迟满足，是年轻人脱离负债泥潭的开始。

很多人总是想着实现财务自由。其实对于多数刚起步、积蓄不多的中等收入阶层和年轻人，除了努力提高收入，唯一的理财就是减少没必要的花费，控制好自己的消费欲望。

有了一定资本积累以后，才有学理财投资技能的基础，不然没钱去实践。理财投资本身是智力游戏，有了资本以后，试着去触探自己智力的边界。

在投资的过程中与人斗智斗勇，和时机赛跑，不但能缓解焦虑感和不安全感，预期或超预期的实现也带来了很多乐趣。到了这个阶段，你会发觉人生豁然开朗。

网络上常被人挂在嘴边的财务自由，对只是会说说的人顶多是个梦。没有财富积累，不能提高被动收入，怎么可能财务自由？

疲于奔命的中产收入阶层被自身欲望驱赶，被自身的身份拖累，被消费主义捆绑，总有个有朝一日能拥有不想干什么就不干什么，钱可以随便花的财务自由梦。

第七章 不走弯路，让人生又快又稳

并不富有的人忙于生计，无法向往这种自由；富有的人估计是太忙于赚钱，根本没闲工夫享受那份传说中的自由。中产收入阶层和白领才是财务自由梦的主要捕获对象。

路要一步一步走，饭要一口一口吃。在现有的基础上怎么提高被动收入，怎么增加积累，才是多数人该考虑的，而不是动不动就想财务自由。

人生从坦坦荡荡地说出"买不起"三个字开始，才能脱离消费主义陷阱，得到真正的自由。

不要成为他人的工具

听过一个很恐怖的套路：很多普通人家的小姑娘长相不错，被诱惑去做主播。说是月收入最高六位数，月薪保底也有四位数。等小姑娘进了公司被告知外形还差一点，想拿这个薪水需要整容。小姑娘整容的钱不够，然后他们就让小姑娘进行小额贷款，整完以后欠了一屁股债，然后告诉你，公司觉得你不合适做主播。

主播公司和整形医院还有小额贷款公司一条龙"服务"，榨干女生最后的剩余价值，典型的一鱼三吃。一个银行柜员如果认真观察，会发现过去几年有很多这种现象，很多女生被人拉过来开卡以后去网贷，网贷的借款多数是用来整容的。这些人为什么要骗这些女孩子借钱整容呢？因为赚钱啊，借钱做整容，业务员就能够获得小姑娘贷款额度70%以上的收入。还有学英语的线下机构也是类似，把你拉到一个小房间洗脑说学英语有什么好处，不报班缠着不让你走。

还在读书的小姑娘特别容易上这种当，结果签合同以后就要付几万块，你钱不够不要紧，有专门对接的银行信用卡人员和网贷公司。

类似的还有培训公司，他们给你发邀请让你去工作，而且工作真的看起来不错。之后你兴冲冲地过去，告诉你要是会编程就好了，可以先培训后入职，之后就让你用身份证办了贷款交了培训费。

另外就是网上假装美貌男生或者女生和你聊股票，开始的时候很热情，后面就拉你去炒股群。然后慢慢地诱惑你炒实物——白银、原油、黄金等现货，天天给你贴单子晒收益。整个群里除了你全是骗子，这就是我们常说的杀猪盘。现在骗子甚至进化到会用相亲网站通过相亲带人进杀猪盘了。

这是对没知识、没社会经验也不想努力却只想一步登天的人的全方位收割，人越知识匮乏越容易被骗。消费贷被玩坏以后，所有的"创新"都失去了底线。一些无底线的人，利用普通女孩的发达梦，直播网红的诱惑，通过包装各种概念，欺骗了很多人。这些骗局精确地把握到了人性弱点。

这两年类似的骗局真的非常多，诸如整容贷、不靠谱的投资理财、卖给老年人价格昂贵却没什么用的保健产品等等。骗子真的是很懂消费者的心理，他们往往能看到人性的弱点，然后充分利用将其变现——整容贷抓住了不少女性对外貌的焦虑，高收益投资理财抓住了人们想要暴富挣快钱的心理，卖没什么用的保健品抓住了老年人怕死、怕老、怕生病的心理。卖保健品的骗子往往还打着人文关怀的牌，天天大爷长大娘短，比自己儿女看起来还亲。

  其实防止受骗也不是很难的事，只要认准凡是不劳而获、天上掉馅饼的事情都是骗人的就可以。天上从来不会掉馅饼，陷阱倒是真的不少。

  女生一定要明白，外表确实有用，但这种作用不是长期的，而且是有限的。很多外貌好看的女生，以为貌美就可以支撑自己的一生，这是错误的认知。貌美很重要，但是一个女生要过好一生，也需要智慧、见识等很多方面的支撑——人生可以真正拥有和掌控的东西，往往都是通过付出和努力才能得到的。年轻和美貌对于一个人是短暂的，当一个人的年轻和美貌随着岁月的流逝而远去的时候，真正让你一生幸福的是智慧和见识，而这些需要你的努力。

  同样地，当你理财的时候，如果忽然进入了一个不熟悉的领域，并且发现几乎所有人都赚钱的时候，这多半是骗局。理财需要你对自己即将投资的领域有基本的认知，这种认知可能需要你有数年相关知识的积累，否则很容易掉进骗子设计的精心骗局。

  另外，也有很多老年人常常被骗子嘘寒问暖之后，掉入被诱导购买各种保健品的骗局。避免掉进这种骗局，一方面需要子女对长辈关心，一方面要给长辈传授世界上从来没有什么灵丹妙药的观念。预防疾病和治疗疾病，一定要上正规的医院。

人生更重要的是避坑[1]

2020年5月初的时候，有个读者问，他有个朋友在搞熔喷布，他朋友可以出让部分股份给他，这个股份值得买吗？

我对他说，他这个朋友根本不是朋友，是专门坑他的，现在口罩、熔喷布已经产能过剩了。我认为他这个所谓的朋友是打算前面赚完钱之后，卖给接盘的人榨干最后一波剩余价值。

我常说的一句话就是，如果你不是行业里的老手，突然有个大机会出现在你的面前，你着实应该多一分小心，因为是陷阱的概率远比是馅饼的概率大得多。

每次当某个观点烂大街，大家都觉得某个东西必定赚钱的时候，基本意味着起码短期内疯狂介入的这些人要亏钱了，从没例外过。

回头看下当年的P2P，最早一小拨人去投的时候，其实他们赚到钱了。等到人们铺天盖地去投的时候，后面进入的人基本上全都亏了。

---

[1] 本文创作于2020年6月。

数字货币比如比特币，不声不响只有一圈码农玩的时候，这拨人也赚到钱了。等到比特币两万美元一个的时候，外面随便是个人都在讲区块链了，后面很多人买虚拟币都亏了。

更明显的指标是菜市场大妈们，每次只要她们开始告诉你现金放在手里要贬值，必须买点啥资产的时候，基本上现金会逐渐变成最安全的资产，大妈们想买的所谓资产，价格要开始下跌了。这个故事从没例外过。

要知道，所有赚钱的东西都是本身熟悉的行内一小拨人开始先搞，最终大众介入，基本大众介入的时候就是流动性的最高点。连大妈都开始疯狂介入了，后面的这个东西就快衰竭了，因为没有新的接盘人了。这时候你该做的是逐步兑现，绝不是不断加码，否则真成接盘侠了。

我们上面讲的是投资中最通用的逻辑，即使是老手没想清楚这个问题，也会掉入陷阱里。

最近的例子是有人说他朋友开口罩厂的，以前因为竞争激烈生意一般般，疫情来了突然赚了很多钱。高利润让他热血沸腾，扩大生产，高价购买厂房和设备，奔着赚更多钱的目标去了，不过很快订单突然就没了。

现在很多人做一件事情的思考逻辑和顺序都是不对的，上来就想着自己肯定赚钱。正常逻辑是你首先应该想，我是个行业新手，每个行业的水都很深，行业里的老手又那么多，我一个新手进入一个新的行业会不会被坑？而不是上来就想会不会赚钱。

就像以前人人创业都跑去开饭店，你去商业街看看，每年的

第七章 不走弯路，让人生又快又稳

饭店新旧交替，能活过半年的店都不多——很多想开店的人从来没想过，你一个餐饮行业的新手，怎么和人家在餐饮行业里操练了很多年的老手竞争。很多人跑去开饭店，无非是觉得开饭店比较容易，凡是进门门槛很低的行业，赚钱需要的技能点必定很高。就像股市开户放点钱进去很容易，但是炒股赚钱这件事很难，不然怎么会有一赚二平八个亏的统计学数据？而且开个像样点的饭店投入并不少，装修加房租少说几十万甚至上百万，很多新手掉进这个坑里，很多年都爬不上来。

人生的陷阱远比机会多，要知道踩进坑里一次，损失少的话几千上万，多的话几十万甚至上百万。对多数人来说，一次大的损失至少等于白干几年，多的甚至需要十几年才能挽回损失。

做一件事的时候，首先思考的从来不只是机会问题，还得考虑如何避免陷阱。

需要反复强调的是，机会这东西也是和时代捆绑的，时代变了很多固有的东西也会变，保持固有思路就是掉坑的节奏。人们都知道，以前商铺和写字楼是优质资产，买了就能"一铺养三代"。现在商铺和写字楼基本都成了劣质资产，不光空置率高，税费也高，价格也很难涨起来。由于现在电商和商业综合体的冲击，很多街铺买了很难租出去，还得每个月还贷款。这真的是妥妥地变成了"三代养一铺"。

对普通人来说，把握机会固然重要，但是避免陷阱更加重要。遇到一件事大家都一窝蜂上的时候，自己千万要冷静，要想一想，人人都认为能赚钱的东西，真的可能人人都赚钱吗？

不熟悉的领域，往往到处都是陷阱[①]

有人跟我说，因为他觉得油价到了底部，所以他去买了银行的纸原油，现在损失惨重。拿着很痛苦，割掉吧又因为仓位太重，损失实在太大了，真不知道怎么办。

这个人提到一个细节，说现在这产品是当月合约猛跌，远月合约不跌，这样的话，多次换月以后不就亏光了吗？

有人可能不知道当月合约、近月合约、远月合约到底是什么含义，我们这里先解释一下——期货购买者在履行期货合约时，合约上一般都有统一规定某种商品交易完成的结算日期。当履行交易的时候，快到结算日期但是还没有到的，就是近月合约。如果已经到了合约的结算当月，就是当月合约。当履行交易的时候，离结算日期相对较远，此时是远月合约。

图10是2020年4月的一张美国原油期货各合约价格分布图，第一列美国原油后面的数字就是月份。05就是5月，如果现在的

[①] 本文创作于2020年4月。

时间是2020年5月,那么现在就是当月合约,12月就是远月合约,也就是说,远月合约是指期货市场上离交割月份较远的期货合约。

大家可以看到不同月份价格差异巨大,比如2020年5月的合约和6月的合约,有7元多一点的差价。

名称	最新	涨幅	日内增减仓
美原油05	17.75	-2.00	-54137
美原油06	24.93	-1.09	33829
美原油07	29.62	-0.58	16472
美原油08	31.30	-0.40	1577
美原油09	32.17	-0.47	4570
美原油10	32.81	-0.02	536
美原油11	33.41	-0.19	1400
美原油12	33.93	-0.27	-1489

图10 美国原油期货各合约价格分布图

如果买了张5月的原油合约,5月到期想换到6月会发现钱不够了,因为6月的合约贵了7元多一点。很多人都在说原油暴跌,最近暴跌的是即将交割的当月主力合约,因为多数参与者必须移仓。

多头平仓到期合约,对手盘又少,导致了大幅下跌,下月合约和远月合约却因为预期改善大幅升水。可能很多人不明白什么叫预期改善大幅升水。以这次原油为例,2020年的上半年,因为疫情的原因导致经济停滞,很多页岩油企业债务恶化退出市场,不但减少了供给，而且因为疫情，经济停滞了，需求原油的企业也少了。

2020年下半年经济要恢复，石油总是要用的。原油供给少了，需求起来了，下半年就可能涨价。所以我们才看到，近期虽然油价暴跌了，但是油股令人意外地暴涨了。因为石油股这时候和远月相关度更高，抄底石油最好的工具从来都是能源股，因为不存在升水和损耗。

期货从来不是抄底原油的好选择，尤其对期货不了解的人来说，更是不要碰这个东西，规则没搞清楚之前就参与，就容易造成很大的损失。

为什么原油期货、纸原油还有很多石油ETF[①]，是不能拿来抄底原油的呢？因为可能会有巨大的换月成本。每次换月因为巨大的价差，你换一次亏一次钱，换到最后本金都没了。

投资有个原则——不熟的东西没搞清楚规则之前不要做。如果搞不清楚底层资产是什么，那更是不要碰。

石油ETF和黄金ETF是不一样的，大部分黄金ETF是买了黄金放在自己的仓库的。石油这东西因为储存等问题，大家根本不会去购买实物石油，而是通过购买石油期货合约模拟油价回报。期货只是一张买方和卖方签订的对赌合约，每个月在到期日进行自动结算。

---

① ETF：交易型开放式指数基金，通常又被称为交易所交易基金（Exchange Traded Fund，简称ETF），是一种在交易所上市交易的、基金份额可变的一种开放式基金。

第七章 不走弯路，让人生又快又稳

因为石油期货每月到期，那石油ETF就需要卖出当月合约，然后买下个月的合约，这个过程叫转仓Roll。因为两个合约价格不一样，所以转仓过程中会产生回报或者亏损，称之为Roll yield[①]。假如5月合约期货价格是17，6月的价格是25，你换仓一次就亏损了8块。所以我们平时从新闻中听到的油价不是现货价格，是当月期货的价格。

之前每次欧佩克打价格战增产，石油期货都会出现升水——升水的意思是期货价比现货高。原因一方面是石油储备充足，大家不担心现货供应；另一方面是现货买家需要承担储存成本，所以计算这个之后期货将来的价格比现在高。

升水的反义词是贴水，意思是期货价比现货价要低。

出现贴水的原因大多是减产等导致现货供应少，大家因为怕买不到现货，愿意付出比将来更高的价钱买现货。

现在产油国都在增产供应过剩，疫情又导致经济停滞没什么需求，市场处在大幅升水状态。而且大家还有个预期，价格战不会持续太久，未来经济恢复也还要用油，价格不可能一直这么低。所以远月期货的价格看起来比近月高很多，这就导致了每次转仓换月都会损失。

你买了个底层资产是石油期货的ETF道理也一样，每次转仓它都在亏钱。

[①] Roll yield：顾名思义，就是roll这个动作产生的yield。期货合约到期日的期货价格等于现货价格。令现货价格为St，下一期货合约价格为F。换仓即，以St卖掉上一个合约，然后花F来买下一个合约，于是roll yield=（St-F）/St。

和油有关的，凡是底层资产是石油期货的，升水状态下都是拿的时间越长，损耗越大。看明白了吧：持有这类底层资产是石油期货的产品，简直和赌博一样，根本不适合投资，尤其是处在石油期货升水状态下。

P2P还没有大规模爆雷之前，我就开始告诫大家，投资要有选择，最早的一次我在2015年的时候就警示过大家。投资也是要有选择的，不是什么钱都能赚的，比如想靠P2P赚钱的，基本本金都收回不来了。

2019年1月的时候，那个时候长租公寓还没爆雷，当时我是这样警示大家的：刚刚看到出租率还有租金在租房需求旺盛的杭州开始下滑的消息，有种预感，今年开始长租公寓会大规模爆雷，尤其是资金链不怎么好的中小长租公寓。如果有房子非要租给长租公寓，一定要找大的商家。租客也一样，千万别贪小便宜，租个房子签了小贷合同，到时候出租方爆雷，钱拿不回来还得继续还债，后面麻烦多了去了。

能推断P2P和长租公寓后来发生的事情，是因为我清楚地知道它们的底层资产是什么。

所以，大家现在应该明白我一再强调的投资原则了吧：不熟的东西没搞清楚规则之前不要做。如果搞不清楚底层资产是什么，那更是不要碰。

假如你每个月转仓换月亏损1%，一年下来油价要升13%，你才能抵消换月成本。极端例子是2009年原油价格大涨78%，但石油ETF的回报率只有19%。再典型的就是本篇文章开头的买纸

第七章 不走弯路，让人生又快又稳

原油的例子，还有就是之前港股的3175原油ETF。当油价20的时候，这个3175ETF价格是4.5，后面油价暴涨25%以后价格是4.19。再看看油股可是都涨了很多，康菲石油21都到35了，你看是不是选错标的差异巨大。

我从来不主张普通人随便碰杠杆产品和金融衍生品，尤其是有升贴水、损耗和交割概念的产品。

虽说这些杠杆类金融衍生品都只是工具，但是很多人出手之前没搞清楚工具的规则，莫名其妙就亏钱了。就像你是个新手去开饭店，你凭啥打败人家开了多年饭店的人呢？虽然做期货和开饭店是不同领域，但道理都是一样的，只要你是个新手，就很难在陌生领域赚到钱。

投资第一条原则就是做熟不做生，即使觉得一个新领域有巨大的机会，那也是先极少量地投入，摸清楚规则再说。

现在各种看起来很美的陷阱太多了，亏起来可比赚起来快得多，两眼一抹黑冲进去，有可能发财，更可能是直接掉坑里爬不上来。

其实这两年的陷阱远不止这点东西，除了国内大家熟知的类似P2P的各种坑，海外的坑也不少——柬埔寨的地、普吉岛的公寓、澳洲的房、美国的教育，以及日本的民宿都可能是陷阱。

在我看来，国内就是最好的投资场所。你在一个人口14亿、年均增长6%的市场都找不到投资机会，跑到海外那种人口少、低增长的地方去寻找机会，不是很荒诞吗？普通人跑到自己不懂的地方和领域去投资，基本就是上门给人送钱去的。

我还是那句话,投资赚钱固然重要,但是避免陷阱更加重要,毕竟大家的都是血汗钱啊。我们可以富得慢一点,但千万要注意避免陷阱。

看似没有门槛的事,往往门槛最高[1]

听一个朋友讲当地的餐饮市场,他是老生意人了,做了十几年餐饮生意。创业时开第一家店的商场,近期已经关了五六家饭店。不远处夏天刚刚开二号店的保利广场,也关了四五家餐厅和服装店。这个朋友向大家感叹,最近的市场有点冷啊。

身边总有人唠叨着说想做点生意,他们的选择不是想做餐饮店,就是想开奶茶店。我一直劝他们,不是想不开,就别做餐饮。

越是看起来没门槛的生意,其实门槛越高。一些生意看似没门槛,如果想做得好,靠的就是对这些生意的深刻了解和行业的积累。外行贸然进入,很容易失败。

这事有点像炒股,有钱开个户就能炒,但是能赚钱的人比例很少,这就是典型的门槛低、竞争激烈、赚钱难的行业。多数人什么时候才能赚钱呢?也只有牛市的时候,所有人都会鸡犬

---

[1] 本文创作于2019年12月。

升天。

　　看别人做生意赚钱就觉得自己也行，这是一种错觉。其实任何一个行业大家都能赚钱的时间段是在它的红利期，就像大家都在股市上赚钱是在股市的牛市期。多数人都是在某个行业红利期即将过去的时候进入，他们都是被赚钱效应吸引进来的。他们根本没想到红利期之后，就是萧条的逆红利期，也就是从供不应求转变到供过于求。

　　实体经济里开饭店、跑专车、做外卖哪个都无例外地经历了这个周期。先来的人赚到钱，后来的人摊薄了行业利润，最终所有的人在无差异竞争中被筛选、被淘汰。在逆红利阶段能剩下来并且能赚到钱的，一般都是行业经营能力顶尖的生意人。逆红利阶段对多数新手来说注定是个极其痛苦的过程。

　　餐饮业并没大家想的那么好做，从统计上也能印证这一点。比如2017年新开了18万家饮品店，同时也关闭了18万家。

　　现在中等规模的餐厅从开业到关店的速度快得惊人，我见过从开业到关店只存在了三个月的饭店，要知道当初装修都花了不止三个月。

　　很多人想到做生意，动不动就想开个饭馆。开口就是民以食为天，做吃的生意总不会错。其实开饭店想盈利并没有想象的那么容易。

　　我十多年前认识的一位朋友就告诫过我。这个朋友做加盟连锁咖啡起家，说自己唯一亏钱的事情就是投了米粉店。虽然咖啡店和米粉店都是餐饮行业，但经营咖啡店和经营米粉店的奥妙是

第七章　不走弯路，让人生又快又稳

不同的。2007年的时候，这位朋友拿着10万元学费去了桂林，在当地最好吃的米粉店学会了独门手艺，带着技术回到江浙，准备大干一番。

大干就要有模有样，他做的第一件事就是在郊区投了一个米粉加工厂和中央厨房，按照学来的配方生产米粉。他的第一家店开在市中心，米粉店干净卫生，米粉店一切都按照标准化操作，工作人员在当时看起来都很专业，后面准备自己再开几家直营店就让人加盟。然而经营结果大大出乎他的预料，他的第一个米粉店就是亏钱的。一个原因是太早开了工厂做标准化生产，店不够多的情况下，工厂运转就是亏钱的。不过他说这只是次要原因。另一个主要原因是，路边的米粉店都是小店，而且多是夫妻店，他们赚的是辛苦钱。每天卖米粉赚的钱扣掉房租和各种成本，其实也就比夫妻出去打工赚的多一点。

他的米粉店面积很大，装修也花了很多钱，工作人员的成本很高，根本没办法和路边的米粉店竞争，更不用说还要折算早早投入的工厂和中央厨房成本。

尽管他店里的食品口味好一点，不过十年多前谁又会为口味好一点，可是价格贵50%的米粉买单呢？最后朋友的生意自然做不下去了，他连工厂带市中心的两个店亏了几百万。

我朋友总结教训说，隔行如隔山，即使是连锁咖啡和小吃店，也是完全不同的。没有历练别随便跨行，一不小心钱包就受不了。

以前我没在意，后来观察小区楼下的商业街才发现，饭店是换得最快的门脸之一。很多店几个月就更新门头，然而新来开饭店的投资者源源不断。

更可怕的是，很多想通过开餐饮创业的人，居然想把做这个当副业。这批人大概从来没想过，因为资本限制，不可能一开始就开个大饭店，炒菜、管理全雇人，想自己做甩手掌柜，是不可能的。手里的钱往往只够开个中小饭馆，多数投资人除了自己没办法做厨师，其他的全要自己做，既要做采购，又要做收银，还要做服务员，比上班辛苦得多。

如果开了店有生意还好，如果没生意的话，天天睁开眼就是各种费用。如果店铺转让，用于装修的钱最后也无法收回，因为转让的时候没人会要你的装修。

总之，如果不是有足够的经验，想做点什么都可以，但是千万别做餐饮等看起来门槛低的项目，越是看起来没门槛的生意，其实门槛越高。

对个人来说，未来的最好方向是不需要硬件投入的服务业。

年龄的坎，如何迈过去

王小波在《黄金时代》里写道："那一天我二十一岁，在我一生的黄金时代。我有好多奢望。我想爱，想吃，还想在一瞬间变成天上半明半暗的云。后来我才知道，生活就是个缓慢受锤的过程，人一天天老下去，奢望也一天天消失，最后变得像挨了锤的牛一样。可是我过二十一岁生日时没有预见到这一点。我觉得自己会永远生猛下去，什么也锤不了我。"

首先给你一锤的是中年危机。

2018年1月份，一则视频刷爆了朋友圈——河北省唐山市取消了外环路上的收费站，被遣散的收费员组团去公司讨说法。一位女性很气愤地说："我现在啥也不会，你说裁员就裁员，让我怎么办？我们来的时候都很年轻，现在36了，人家都要30以内的，一听我36了，对不起，我们不要你。我们把青春都耗在这里，我们学东西也学不了，比20多岁的都慢了，也都不方便了，都不喜欢我们这样的劳动力了……我现在啥也不会，你说裁员就裁员，你让我怎么办？"

当时大家是把这件事当笑话看的，不少人嘲笑收费员起点低、懒惰。然而谁也没有想到，起点并不低的中等收入阶层群体和高学历人群也有了同样的困扰，金融互联网公司大规模裁员，一篇《百万年薪38岁清华男被离职》又刷爆了互联网。

寒冬突然就来了。这次裁员的主要对象，除去还没过试用期的人，35岁以上的老员工首当其冲。

一

在政府机构和事业单位工作比较稳定，所以每年大批的人参加国考。很多有知识的人在考试上比较拿手，当工作不稳定了，就想考公务员然后找个更稳定的工作，可是发现年龄要求都是35周岁以下。

最近这几年，在竞争激烈的高薪行业，35岁已经变成了一条分割线。辞退超龄员工是很多企业心照不宣的秘密。

职场两条线，横线是职务的天花板，竖线是年龄的天花板。在多数企业，一旦碰到天花板，又不能发挥超常的价值，距离被迫离开企业就不太远了。某个大企业的人说，年底人员调整，隔壁部门分过来一位70后的老哥，从央企的二级公司部门副总变成普通员工，年龄上比上面三层领导都大，非常尴尬。有些人被降职留用其实算不错的结局了，多数人根本没办法在一个企业工作到退休。

我们从小接受的教育观念是：一技傍身走天下，学个一技之长，一辈子不愁没饭吃。可是多数人工作以后并没有太多的长进，他们学到的技能无非就是PPT、Word、Excel。以前工地搬砖，现在写字楼搬砖。一个新人培训三到五个月，就可以上岗。

新兴行业里风头无两的是互联网，这些年互联网行业的大发展带来的红利和高收入让不少借东风的程序员有了幻觉，以为靠自己的能力成为佼佼者，开口闭口就是技术大牛，在哪儿不好混？等到了30岁，突然发现有的企业是35岁就开始劝退，有的企业40岁裁员⋯⋯

总有人告诉你什么时候开始都不晚，确实任何时候都有幸运儿和特例。但作为普通人，还是要服从统计学规律。

LinkedIn《职场人转折点报告》有个数据（图11），人生可能遇到的转折点从23岁开始，27~30岁达到小高峰，31~35岁达到大高峰。

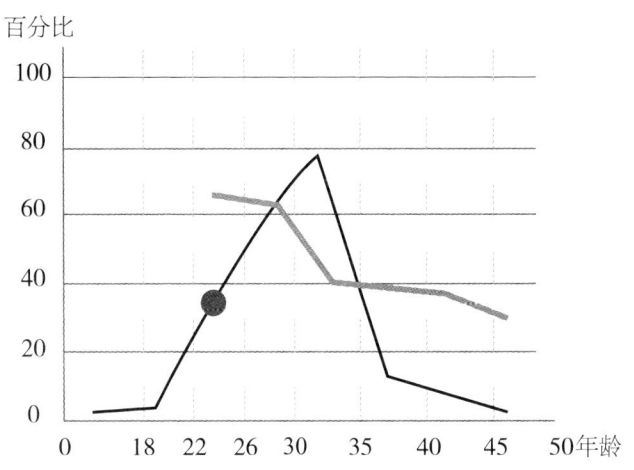

细线为百分比为转折点发生概率，年龄为遇到转折点的年龄。
粗线为百分比为23~50岁之间的人认为自己在25岁以下遇到转折点的概率。

图11 不同年龄遇到人生转折点的百分比

"什么时候开始都不晚""人生任何时候都存在可能性"固然没错,毕竟褚时健75岁创业还成功了。但是对于普通人,准备得越晚,开始得越晚,取得成就的概率越小。

对于行业内厉害的那些人来说,他们是什么时候开始都不晚的群体,他们之前积累了强大的资源,或者进入了公司高级管理层,或者在公司有股权。他们是职场的幸运儿,他们的选择比较多。

大多数人的命运是完全不同的。

金融行业和互联网行业的从业人员算是高收入的群体了,然而在这两个行业,当年龄超过35岁,就要受到行业歧视了。

尤其当金融行业和互联网行业红利期过去之后,两个行业都经历了大规模的裁员和降薪。而且互联网行业的工作强度又大,基本上都是996。当超过35岁的年龄之后,有多少人能熬得住?况且当一个人超过35岁之后,还要面临上有老下有小的状况,不得不抽出时间照顾家庭。

即使一个人成为公司的管理者,也很难轻松。你回家老婆孩子热炕头,即使公司的顶头上司不说你,下面人的唾沫星子也要淹死你了。

这种现象并不是我们国家独有,在欧美那边也差不多。越生猛的公司,员工的平均年纪越小,虽然没人敢像国内这么明目张胆地把年龄歧视说出来,但它们都是这么做的。

2016年,亚马逊员工平均年龄31岁,谷歌员工平均年龄30岁,脸书员工平均年龄28岁。均龄38岁的老牌公司IBM,不久前

第七章　不走弯路，让人生又快又稳

被ProPublica报道，2017年这家公司采用各种办法裁减40岁以上的员工。

在国内的某家公司，1985年之前出生的员工已经是高龄了，招聘全部都要CEO特批，有的部门招聘1990年之前出生的员工都要CEO审批了。

超过一定年龄，就业压力就会加大的状况以后会成为常态，毕竟互联网经历了10年的快速发展，空间越来越小，连三、四线城市都快饱和了。当互联网增长放缓，高薪的岗位就少了。每年又有大量毕业生加入，可以替代高薪的高龄员工，我们称之为工程师红利。

很多年以前，大批70后和80后的父母在一个企业生根发芽，尤其是那种有幼儿园、学校、食堂的国企，几乎进去就是工作一辈子。这给很多人童年时留下的印象太深，很多人错误地以为，最不济也能找个公司安安稳稳混到退休，现在这种事早就不复存在了。这些长幼有序、温馨无比的公司，如果没有垄断资源，一个个都悄无声息地倒闭了。

二

现代企业体系中，尤其是资源福利体系完善、培训系统完备的公司，把一个刚刚毕业的行业新手培养出来，慢的话也不过三四年的时间。他们精力充沛，能适应高强度工作，性价比还高。

在10年前，多数人都信奉的一句话是："35岁以上还要找工作也太失败了吧，混到这个年纪谁不是靠内推。"然而今天，哪有那么多岗位给你内推。在一个正常的公司，一般人的天花板就是中层，也就是成为总监级别的人，总监级正常的被替换的年龄在45岁。普通人没有特别的际遇很难突破这个层级，但你要看到，后面还有将近20年的时间才能退休。

最近几年，除了金融行业和互联网等竞争激烈的高薪行业，其他很多传统行业的职业年龄淘汰线也到了40岁，没啥特殊技能超过40岁就要特批。一个人30多岁当上总监，春风得意，抬头一看，离退位的时间也没几年了。

大公司的总监虽然只是中层，但要想获得这个位置也没那么容易，除了高智商和情商，还需要点运气和机遇。对这个级别的人，老板非常没有耐心，可以发你百万年薪，但要是半年不出成绩，对不起，你另谋高就吧。其实能忍半年的算好老板了，有的不过两三个月耐心。

还有一种说法很流行：掌握核心竞争力成为公司不可或缺的人。这是一种错误的观念，要知道大公司不可能让你不可或缺，每个人都是流水线上的螺丝钉，离开平台你什么也不是。

能熬到退休、收入越来越高的行业越来越少，例外的可能就是医生、律师、手艺人这种吃资历的行业了。

三

只说问题，不说解决方案，那是卖焦虑，但这个问题确实不容易解决。你越觉得离不开这个岗位，最后被淘汰的可能性就越

第七章 不走弯路，让人生又快又稳

大。身边比较成功的，都是未雨绸缪早早开始准备的，或者是把自身多年积累发挥到极致的。

你25岁和35岁的人有同样的水平，你是公司性价比最高的资源，但是你35岁还只能做30岁的事，那你就是公司性价比最低的人力资源。

努力提升自己，成为不可替代的人才在以前的年代还有可能性。然而在人才济济的今天，这种可能性微乎其微。很多TOP级的巨头企业，管理层被裁以后找不到出路的太多了。

社会上出现的突然被迫"被动创业"的高收入高学历人群，很多人都是因为找不到同级工作，最后无奈创业了。人到中年失业以后，发现这个社会已经不再为他们提供合适的就业机会，只能自己干了。这还是已经熬到中层以上的人群，还有熬来熬去都是公司底层的人，替代起来更是容易。

我以前在某篇文章里讲过，这世上没什么东西是能一辈子稳定的。过去十年的稳定，在每十年的社会变革中都会被剧烈冲击，居安思危往前走是一个人要考虑的事。这世界最大的不变就是变化。时代如飓风，岁月静好从来都不存在。要学会滚自己的的雪球，寻求投入小、潜在杠杆大的东西。

为了避免中年的职业危机，不管是上班还是准备创业，都该用业余时间培养自己的副业，利用自己的技能资源或者工作经验，做一些可积累的事，越早积累越好，越早积累越容易找到那条属于自己的路子。

大家都知道纸媒这些年在走下坡路，这两年停掉的报纸和杂志不计其数。可是这几年从纸媒出来的创业者也不计其数，写微信公众号不过是他们以前的副业，很多人都过上了比过去更富有、更自在的生活。

2013年，还在《外滩画报》做总编的徐沪生已经是当时上海薪水很高的总编了。从那时起，他就意识到纸媒要走下坡路，因为纸媒的订阅量越来越少了，于是他开始筹备"一条"。2015年5月，《南方都市报》的记者方夷敏辞去工作，开始专职打理自己以前业余时间创作的微信公众号"黎贝卡的异想世界"。

为了避免中年的职业危机，你需要和他们一样，除了努力工作，更要在空余时间认真琢磨下副业，花点心思在上面——在这个过程中，你还可能通过副业认识将来和你一起创业的合伙人。和通过副业认识的知根知底的人一起创业，远比拿着可观的薪水来挖你的公司可靠得多——有你自己的根据地，远比在别人的地盘上打拼有前途。

人的发展，无非就是纵向和横向这两个方向。

一个人的纵向发展就是从工作上着手，努力升职。在一个公司往上攀爬，因为领导的岗位有限，能打拼成领导并不是一件容易的事，即使成了企业的中层管理者，也会面临到年纪被迫离职的问题。

一个人的横向发展就是利用自己的兴趣爱好、特长、资源发展副业，就像上面的徐沪生、方夷敏一样，尽量做投入小、边际杠杆大的东西，尤其刚开始做事情的时候，一定要选择试错成本小的。只要做得稍微出色，赚到钱并不难，更关键的是，你会慢慢地拥有属于自己的根据地。

另外,你要早点学会理财和投资,学会提升自己的被动收入。要注意的是,别临时抱佛脚,贸然理财和投资。尽管人们常说"你不理财,财不理你",可是你如果对理财知识一点都不懂就突然去理财和投资,基本上都会掉进陷阱。这几年很多人掉进了不断爆雷的数字货币、P2P陷阱里,说到底就是毫无理财的知识就开始理财造成的。